U1018675

走向新食代系列

爱生活，爱做饭

公输于兰　著

上海锦绣文章出版社

序

公输于兰

女儿出嫁前的一个星期，母亲变得特别啰嗦，像一架设定好自动回放的录音机似的，将做人，尤其是做女人的道理反反复复地讲着。这次母亲对女儿讲述的是单位里两位已经做婆婆的同事谈论各自儿媳的一段对话。

一位说，我儿媳妇吃菜老疙瘩（沪语“挑剔”意）的，这不吃那不吃，自己又不做，我每天买菜要横想竖想伊（她）想吃啥，真是难买得不得了！

另一位说，阿拉媳妇很好弄的，我买啥烧啥，伊就吃啥，没有闲话好说的！

母亲问女儿,你说哪个媳妇当得好呀？

由于公婆过世得早，母亲从无婆媳纠纷之虞。可她为女儿要嫁到婆家而焦虑。她的选择题难度颇高，都没有正解。“疙瘩媳妇”按理让人讨厌，“好弄的”应该招人喜欢。但是，母亲说，事情有时不是想当然的。说儿媳挑剔的婆婆，怨艾之中倒有点对儿媳的娇宠。而说儿媳随和的，口气里却流露出对儿媳的轻贱。母亲出题的用意，就是希望女儿既不要那么“好弄”，也不要过分“疙瘩”。可女儿说，做人要真想那么多就如邯郸学步，连怎么做都会忘了。

婚后，女儿的喜剧开始了。婆婆好为人师，教导新儿媳怎么做饭怎么洗菜怎么跟菜贩子讨价还价。买活鸡活鱼，在家是小九妹的婆婆也不内行，她告知诀窍，“让姨妈（就是婆婆自己的姐姐）周末代买送来，或者你们去取。”女儿一一应答，但心中有婆，眼里无婆，她有自己的想法。

买菜不讨价还价但货比三家。不懂活的鸡鸭鱼鳖什么才算好，那就专挑长得好看的。至于烧饭做菜，一看（看婆婆的）、二问（问单位里的老饕）、三读（读烹饪手册和菜谱），接下来就是创造。土豆萝卜切成这样那样的花儿，买来的鸡鸭鱼蟹健美得可以上素描，如此愉快的经历，什么样的美味想象不出来呢？不久，婆婆便什么都不管不问了。过年家里要招待客人，婆婆想请大姨妈来帮忙。女儿说，不用再麻烦她老人家，我来烧吧，请大姨妈来一道吃饭。

那天，女儿的母亲也来了，婆婆在亲家母面前夸儿媳："伊老聪明的，我教什么，她一学就会。"母亲心想，那是你教的吗？自己女儿6岁会做饭，7岁就敢在煤油炉上炖蛋吃，还不忘在蛋羹里放虾米和葱呢。心里这么想着就脱口而出：倒蛮像电视里的"洛桑学艺"的（这是个相声小品，说的是低调学生洛桑拜师学艺，老师口若悬河高调示范，实际结果却是学生样样本领比老师高强）。哪能这样直接偏自家闺女让别人下不来台呀，女儿想阻止都来不及。幸好婆婆只看连续剧，不知洛桑和他老师的关系。

这个女儿是我，也可能是你。学做饭，也是学做人。当你意识到自己喜欢做饭的时候，你会发现，自己比以往任何一个时候都更爱自己身边的人。

公输于兰，笔名，别署萧斐等，本名张晓春，任职于上海师范大学。

目录

不跟购物狂同行

旅行是一种体验活动，应该走到哪看到哪、吃到哪儿。吃和看同样重要，特殊地理环境中的风味美食加上人情，才是风土人情。但有一些人不是这样想的。

蕙的办公室有一人称“小蜜”的新来女秘书，自去年参加单位的集体欧洲游后，今年休假，办公室的一帮男女谁都不愿再跟她一块儿出行。看她一副被遗弃的样子，生性善良的蕙就邀她一同游新西兰。

没想到，“看上去清清静静的一个女子，到了国外，俗气全冒出来了。”

“小蜜”带一口硕大的行李箱，国门未出，已在机场免税店买了差不多小半箱子的化妆品。到了国外，别人关心哪里景观好，哪里有好吃的，她一路只看商店橱窗里的物价牌。某家商店有打折标记，她一定进去，最后全车人等她一个。作为同伴，蕙受不了众目睽睽之下的迟到，一路羞愧着。旅程中安排的自由活动，按蕙的习惯，用来参观非主流博物馆，吃当地小吃，或者找一家不豪华也不简陋的餐馆饱餐一顿，完成一趟异域风情眼耳鼻喉视知觉全方位的体验。但和“小蜜”在一起，这样的黄金时间全部用来购物了。

“小蜜”有着将他乡当故乡的本领，不仅讨价还价货比三家，相隔几个街区，为一瓶香水来回折腾，还能说服打定主意不购物的蕙跟她一起刷卡，“已经跑了那么多路，劳动力都出了，不买岂不亏？”“我的卡刷爆了借你的吧。一样刷，帮你也买了吧，总归划算的，到机场我帮你一道退税打包托运好了。”一个上午，蕙的手里平白多出两三件行李。路过一个小吃店，蕙闻到混合着奶酪、番茄、洋葱、黑椒、咖喱的大洋洲气息，刚要停下来去打探，“小蜜”已经抢先一步路过，嘴里说：“这样的摊儿，不能代表地方特色的。”

接近下午一点，眼看着餐馆都要关门午休，“小蜜”才愿意到一家看上去不会太昂贵的中餐馆用餐。这是蕙一天里最惬意的时刻，虽然是中餐，但是吃到了用新西兰小绵羊肋骨做的铁板黑椒羊扒，没有膻气，很清新自然的味道，餐馆窗外是奥克兰的蓝天，飘着朵朵白云。只可惜这样的喜悦走出餐馆就被“小蜜”全赶跑了。几乎整个下午，“小蜜”都在计较这一顿饭吃得不值，“够机场免税店买两套欧莱雅美白，够买一套兰蔻日间保养。”走过施华洛世奇，“小蜜”近乎尖叫起来：“哎呀，这条最新款的手链被我中午活生生吃掉了哎。回上海多花一倍的钱也不一定买得到噢。”

习惯盖一条鸭绒被过冬的蕙，看着非主观意识买下的驼绒被和羊毛毯，仿佛遭受到某种挟持，心情异常沮丧，“我算到过新西兰吗？为什么我记不起这个地方的味道？我这是打哪儿跑了一回单帮，满脑子尽是辛苦和算计。”

有饭好好吃

知道这是旅行社安排的活动之一，但是在弹指洒酒以敬天地之后，在一番又一番请茶劝酒的歌声中，还是觉得这酒、这糌粑和肉，跟商家的酒菜是有所不同的。所以，当格桑兄弟将烤成琥珀色的全羊切成块分到每个人的盘里时，无论事先是否仔细沃过手，一伙时髦都市男女都毫不犹豫采用藏人的方式——手抓羊肉来进食，然后尝一口从来没有吃过的鸡冠丝，嚼一嚼坚硬的野蕨梗，那杯敬过天地的青稞酒，在格桑家的小妹妹唱着婉转绵长的歌为你倒满杯时，不管习惯还是不习惯，男人们都一干而尽，女人们至少举起放到唇边抿一口。

羌藏人家的酒席本来就应该像层林尽染、杂花生树的高原秋天一般缤纷热闹，然而，在格桑兄妹始终微笑的表情中还是能够捕捉到偶尔飘过的一丝不满。格桑小妹妹敬酒的时候绕过了一个角落，格桑兄弟分送羊肉的时候到了那个角落，把肉留在案几上，而脸干脆别过看其他地方。

不用看就知道，那个角落里一定坐着那个披着高原风情披毡的女人。

一降落到成都机场，我就注意到她。她是团里最醒目的女人，格子呢长裙、山地靴、暗地繁花带流苏的高原风披毡，在一群普通运动装打扮的人里，她的波希米亚装束显得很有品。第一顿午饭是川菜体验。才到餐厅门口，一帮上海人就大呼小叫起来，老香呃！及至开宴，一片赞叹，尽管都吃得希哈冒汗。但是“波希米亚女子”的吃法却很个色，她将所有的菜搛起放到餐前喝的茉莉香片茶中洗一下然后才吃到嘴里。她解释说，这可以减少菜里的浓油和调料吃到肚子里，以免体形发胖皮肤变粗。结果，她的那杯茶顷刻成泔脚水，坐在她旁边看着，感觉有点腻心。此时，在藏寨人家，她又是唯一使用筷子吃烤羊的人，每搛起一块，先放到敬过天地的青稞酒中洗一遍去膻，再放到藏人待客用的酥油茶中洗一遍去酒，但也不是就此吃下去，而是咀嚼一番，最后吐一堆烂糊烂糟筋筋拉拉的东西于盘中。

我不知道这个貌似有着波希米亚游牧情结的女子，回去在摆放她那些像三毛、像朱哲琴专集封面的照片时，能否意识到自己对待作为照片风景的这片风土人情曾经的无礼。

一个人不可能适应所有食物，但以食为天，对食物要有一份尊重。当年英国伊丽莎白女王到访中国，饮食起居受到媒体关注。有一篇报道说，女王其实每次出访主要吃自己带的食物和水，但是在宴会上，你丝毫看不到她对食物有何怠慢。女王总是用尊贵的方式恰到好处地摆弄餐具，那些食物仿佛都适度地受到过品尝。这种对食物的尊重，就是对人的尊重，对一种饮食所代表的文化的尊重。

当一份陌生的食物放到你面前，你有权不吃它，但是不可以将人家辛苦做出的美食，当人家的面强行改造它、用一种恶心的方式消耗掉它，否则是一种野蛮。

不要随便说不

说点陈年旧事。

有毛脚二人上门见翁，礼皆有酒，一为干红，一为老窖。丈人虽无杯中之好，惟女婿识尊卑执晚辈礼，以为达礼者，喜甚，遂留饭。席间，丈人询欲饮何酒？“老窖”谓其所携乃数几十年之窖藏，非丈人之德高望重见多识广者不可品，以腹中橘汁多过酒水之辈，饮之有若暴殄。“干红”微有惭色，谓所带非名酒，如蒙不弃，可以一试。乃起红酒。一巡已过，但见“老窖”蹙眉摇头繁有“啧啧”声，云：“素不喜红酒，盖有酸焉。今勉强尝之，若饮咳药耳。”丈人不答，以哂应之。饭毕送客，小女嗔怪，质父何引姊友“干红”手嘱往来冷落己友“老窖”耶？丈人曰：汝友器小礼疏，日后恐多龃龉。

丈人乃我朋友之父，其话不是没有道理。一个人的见识和包容心有时可以通过对待食物的态度管中窥豹。我友即丈人之小女，“老窖”是她的前夫，大学同学，生长于湖区，除河鲜外任何荤腥不沾。他有一个习惯，总要在别人吃东西的时候点评食物，不是油脂太多就是胆固醇太高，即使海里鱼虾，也被指嘌呤过盛，易得类风湿。结果所有的人都不愿跟他一起吃饭，免得扫兴。他跟我朋友结婚后，不愿去丈人家，嫌吃不对胃。他自己不做饭，又总抱怨我朋友做的饭不好。有一次，他又在絮絮叨叨的时候，我朋友忍无可忍扔下一句话："出去看看有哪个涵养高、生活体面的人会吃东西如此单调。只吃一样东西不是你有多高贵，而是你吃过的食物品种实在太少。"此话仿佛点了他的穴，让他从此对出身比他富裕的老婆耿耿于怀，一门心思扑在生意上，对别人说，要是发了财，他就要跟老婆离婚。然而事到如今，他的生意并不见起色，他的老婆也就是我的朋友已经成了别人的老婆，正过着幸福的生活。

人的一生可能遭遇许多陌生食物：酸辣麻咸的味觉体验，莜面栲、高粱饽、玉米糊、荞麦面、红薯粉或青稞糌粑的肠胃按摩，甚或牛、羊、兔、驴、鹿和狍子肉的嗅觉敏感度以及牙口力度的锤炼，所有这一切，如履高原之雪山草地戈壁黄土，深沟之林苔瀑湍霭霾钟乳，是一种探险。一方水土养一方人，一个地方的食物包含了这方水土的特性，也包含了这方水土养育的人的秉性。什么叫饮食文化？这就是。去到某个地方，见识那个地方的人情，也应该包容那个地方的食物。有时候你不喜欢某个地方的食物，并不能说明那个地方的食物不好，你不喜欢的，也许正是人家的珍馐，而你以为美味的，人家或许会闻之反胃。所以出门在外，遇到自己不喜欢吃的食物，不要随便说不好，可能只是你感到不习惯而已。

电冰箱时代

刚参加工作是在一个知识分子成堆的地方，人们经常谈论的话题有两个：一是文化人谁谁又发表了什么新观点；另一个就是吃。

《格列佛游记》中描写的小人国以吃蛋的方式来分党派，在关于吃的方面，办公室同事也明显分成了几派。成天议论菜场价格的，被视作小市民，很少有人搭理。比较权威的一派是刚刚购买了电冰箱的，他们大都家境殷实，或者家里有人在海外，故能凭着侨汇购得特价进口电冰箱。“电冰箱派”聚在一起，总是配合时令的变化大声交流冰箱里的食物如何与众不同，比如夏天，电风扇旋转出来的风都是热的，“电冰箱派”就会谈论“西瓜就是冰过的才好吃，吃完了瓜瓤将瓜青贴在脸上手臂上，那叫一个舒服。”“将冰淇凌放在冷藏室，等它变软了，将洗干净的草莓搅和在里面，要比光明冰砖不知好吃多少。”这时，一些人会很虔诚地询问，将来购买什么牌子的冰箱好，但更多的人则保持沉默。毕竟那个时候“电冰箱派”曲高和寡，其他人只有羡慕的份。

大家有机会参与冰箱的话题是在一些聚餐之后。“剩下的菜都让主任带回家去吧，放冰箱不会坏。”是的，主任属于“电冰箱派”，更重要的是他绝非沾了亲戚的光，所以格外受人尊敬。每当这时，主任都会毫不客气地接受半条鱼、半盘白斩鸡、几块烤鸭、几只油爆大虾。不过他也忘不了补一句：“给我家阿咪吃。”事后，几个大学毕业没几年的“老三届”会故意问他：“主任，你家那只老猫不是已经走失好几年了吗？”

无论是青铜还是黑陶，文化史常以发掘数量最多的烹饪食器材质来命名物质严重匮乏的远古文明时代。以这样的思路推想20多年前，我有幸进入了电冰箱时代，尽管比发达国家晚了近50年，在今天看来恍若隔世。

“爱锅”者

去法国买时装和香水，去英国买羊毛和牛皮制品，去奥地利买水晶，去瑞士买表，去德国就买不锈钢刀和锅具。浦东机场德国航班出口，总能见到提着一箱箱不锈钢炊具的人。“爱锅者”由此得名。

“爱锅者”大都人到中年，有家有小，生活超越温饱，财富尚需努力；对男性“爱锅者”来说，一日三餐不可缺少的那口锅就是家的象征，爱锅即爱家，爱妻儿。在女性“爱锅者”眼里，款式新价格贵的锅，就像珠宝和化妆品，将日日不离的东西弄得考究，才算得上低调时尚，讲究品质。因为这些附加的内涵，“爱锅者”信奉不买最好、但买最贵的原则，总一厢情愿地认为，好锅才能做出好饭菜。

几年前在离开慕尼黑前的最后一刻，受到同伴的激情鼓舞，我也掏空钱兜，换回一套沉甸甸的名牌锅具。那是大小两锅共一盖的高压快锅，换了盖也可以作普通煎锅或煮锅用，医用不锈钢材质。

回家后，急不可待地用新锅煮了一锅牛肉汤，只半小时，那牛肉在高温高压下就变得酥烂非常。又煮了绿豆米仁汤，那米仁和绿豆好像放在营养液中浸泡过的一样，一颗颗变得硕大光滑，既酥又不破皮，看上去赏心悦目。

将这套光可鉴人的锅具放到架上，发现家里攒的金属锅已有7种：不锈钢平底烧锅，是老爸在我结婚前好几年排队买的国产不锈钢复底锅，当时排队的理由是这批锅用进口材质，确实比后来买的国产锅要厚重，具备如今到处做广告的医用不锈钢复底锅的雏形，我拿它像进口锅一样使用，同样没有油烟；搪瓷烧锅，买家电时百货公司送的，用来盛放冰箱食品很环保，回热也方便，一度被塑料保鲜盒取代，强调绿色环保的当下，其价值被重新发现；婆婆买的铁炒锅，对孩子健康有益，联合国教科文组织这么推荐的；涂层不粘煎锅，曾经兴高采烈地大概率使用，因为怕涂层有毒，已经弃用；为节约煤气而买的焖烧锅，外表笨拙，功能与说明书写的基本相当，省能源，省照看时间；朋友送的意大利品牌医用不锈钢复合平底锅，很亮丽很昂贵，但烧煮的食物不很好吃，因为太重，清洗不顺手，使用率低。这样一排查，发现最新到手的德国锅也可能是使用率低，被搁置的命运。

其实家里只要有老爸很久以前买的锅，加上那个其貌不扬的焖烧锅就足够了，而它们加在一起乘以10的价格，还比一口外国锅便宜。

选饭店

最近发生在身边的一件事，让我看到了如今老年人、中年人和年轻人三代之间在“吃”方面的差异。

朋友的外甥女拿到第一笔工资，请各位长辈和表兄弟姐妹吃饭以示庆祝。为饭店订在哪里，父女间发生争执。父亲的意思非常明朗，既然一大家子吃饭，自然应该在有名的饭店订一间包房。饭店的装修是否豪华倒是无所谓，但是酒水饭菜必须是老字号特色。但是这样的决定立刻遭到女儿反抗：“哪一次请客你不选老字号？这么多年老字号的菜大都变化不大，你难道还没有吃厌烦？这是我请客，地方由我定。”最后，她在网上订了一家拥趸颇多但地点在比较“幺二角落”并且名称有点古怪的店。

到了那里发现，店里都是最多容下四人的车厢座位。一大家十多口人根本无法坐在一起，只能分坐四节“车厢”。食材非常普通，量也少，只是盛菜的容器比较特别，像竹串虾，椒盐做法，一支支码在铺着烤热的粗盐粒的木桶里，有点新鲜感。吃完后，评价各不相同。父母非常尴尬，不停地责备女儿不懂事，怎么在这样一个既无特色也不气派的地方请客，觉得怠慢了大家，发誓以后一定找一家有名的饭店再补请大家一回。但是，她那拨表兄弟姐妹却非常满意，他们认为在这样的店吃饭很好，很自由。他们几个自坐一节“车厢”，没有了往日酒席上大人们把目光都集中在他们身上的那种不自在，彼此交谈也不必顾虑到家长的禁忌，还相约再来一次。倒是爷爷奶奶摆出一副很开明的样子，说这样的饭很好，很新奇，有点复古（估计爷爷奶奶谈恋爱时去过车厢座的西餐厅和咖啡馆）。“但是”，注意，有个“但是”，爷爷说：“以后吃饭，咱们还是团团坐比较热闹，这样在车厢座里吃饭，彼此不能大声说话，有点鬼鬼祟祟的。”

其间朋友提出，要想兼顾老年人的排场和孩子们的自由，不如以后找一家好的日式料理自助。“好的料理店一间大包房，四边樱花壁纸落地，一席长桌榻榻米，落地纸糊灯，白格扇门，浮士绘靠背、有青梅的梅酒随便喝、新鲜的生蚝……”

“你还是省省了吧。”朋友没说完，马上遭到他姐姐、姐夫包括他的父母的反对。在他们眼里，人到中年的小弟选的饭店，往往情调颇好能得小辈的欢心，但是不实惠。更加重要的是，“你这个年龄挑选的饭菜，常常本土、东洋、西洋的做法混在一起，生的、熟的囫囵下肚。在父母眼里，这是好小菜做坏忒了；在孩子们眼里，这是消费榜样，他们只要去过一次，以后消费就上台阶了，哪能吃得消？”姐姐说：“至于我们，上山下乡，吃得下的时候没什么可吃，已经养成了穷人的胃。如今各项身体指标都到了临界点，你们喜欢的东西，我们吃起来就感觉是饿肚皮的人吃夹生饭；要抓住点人生青春的尾巴呢，就想豁出去恶狠狠尝尝鲜。但是真吃呢，总不落胃了，身体要造反的。”

家门前的饭馆

生性不喜被人管束，所以从小就给自己设想了很多自认比较自由散漫的职业，其中有一项就是开一家饭馆，当然绝不是拥有几层楼高、几十包厢、数百桌面的大酒店，而是那种小小的、最多八九张三五人坐的桌子、一个小的包间，就开在家门口。来吃饭的人大多是熟人，晓得他们每个人点菜的习惯、喜欢坐哪个位子，甚至有什么朋友也能略知一二。请的做菜师傅是那种肯动脑筋又善解人意的，不仅为雇主着想，也能为客人着想，客人提过一次特殊的要求就能大概记住这客人的喜好。

这样的理想萌芽于小时候离家不远的一家饭店。那家店的门面上有模模糊糊的“公私合营”字样，店堂不大却还有点小气派，桌椅都是弯腿的，桌布很白。工作人员不多，端盘的和掌勺的分不太清楚，因为穿的衣服都一样，而且都一样和蔼可亲，有点像一家人的样子，生意不忙的时候有的站在门口候客人，有的找一个座位坐下喝茶，不像现时的饭店侍应生都有规定动作。其中有个我父母让我叫他伯伯的人尤其和气。幼儿园的时候去，他会端一个小凳子放在扶手椅上，我坐在上面就能够得着桌上所有的菜了。当我脖子上挂着钥匙，拿着大人给的几毛钱去店里自己解决一顿中午饭的时候，那位伯伯就会朝里面喊一声："小朋友吃中饭，不要整盘的，盛一碗饭放点红烧肉百叶结啥的，再弄一小碗细粉丸子汤，饭少点。"然后店里所有男男女女经过我的座位时，都会过来问一声："好吃哦？""吃饱了哦？"这样的待遇，使得我小时候一直有一种感觉，那就是日子再怎么清苦，父母再怎么忙于生计、身不由己照顾不到我，只要有这家店，就饿不死我。

最后一次去那家店是我考大学前夕，因情绪不好跟父亲发生矛盾，母亲息事宁人，晚饭的时候带我去那家店吃饭，那位伯伯认出了我，"长这么大了？"他好像有点不能相信似的，"不过我下个月也要退休了。"他还记得我小时候喜欢吃他们店的粉丝丸子汤，我们没有点，他居然盛了不太满的一碗过来，说算他请客，"一眼眼，不好意思的。"结果弄得我们也有点不好意思起来。饭毕出门的时候，他站在门口，依然一句"吃饱了哦？"笑容依旧，只是我发现他的头发已经很白，人好像也比我记忆中的瘦小了一大圈。

我读完大学，家搬到另一个家门口没有一家可以坐进去吃饭的店的地方，再回旧居想上这家店看看的时候，发现那里全变了样，连马路都不是原来的方向，灯红酒绿的饭店是一家挨一家开着，但是原来这家是一点影子也没有了。

路边的豆花

上大学的时候到苏州玩，在灵岩山下看到路边搭着一溜长棚，下支几张简陋桌椅，一色的蓝花包头巾和百褶围裙苏州嫂嫂，卖着同样的东西——豆腐花。

豆花很嫩，舀在碗里，自然碎裂的纹理比切块的豆腐活泛，比豆浆加盐后形成的凝结有型。豆花里放一小勺加糖和味精煮熟的鲜酱油、一点点紫菜、葱花（根据顾客要求也可以换成大蒜叶细末），一小撮虾皮或者两只中等大小的干虾、淋几道麻油或辣油，还备有自制的剁椒酱、胡椒粉、鲜辣粉，供食客随意取用。多数客人要求放麻油，然后自己加剁椒或胡椒粉。摊主一口软糯的苏白不停地说："佴里放子麻油么就可以哉！要辣味么放辣油阿好！两三样一淘么本还捞弗还咯！"好像吃了大亏，但脸上却笑嘻嘻，忙着四处招呼。这作料看来实在是摊主促销的小心思。几乎所有要豆花的人，都选了干虾而不是虾皮，大概豆花中放虾皮太寻常而放干虾却少见。很多人将虾留到最后，喝完豆花，比谁碗里剩下的虾个儿大。那情景仿佛车干一座池塘的水露出了鱼，有意外的战利品，快乐不是单单吃东西所能比。

工作以后，下班回家要在愚园路近江苏路换乘62路公交车。那个站点就设在一家专卖豆腐花的小店门口。我吃过的豆腐花大概有一半是这家小店的。这店小得只有四五个面壁的座位，豆腐花除了没有干虾，味道跟苏州吃到的不相上下，一样的清澈、一样的咸鲜适中，作料一样细致，价格一样便宜，一样有一些添加料供顾客随意取用。

下班高峰时，劳累一天饥肠辘辘的人很难抵挡这价廉物美的豆腐花的诱惑，大多数顾客都是端着碗站在隔壁弄堂里吃。如果遇上下雨，打伞不方便，就几十个人背靠着墙，端着碗站在屋檐下，吃着刚出炉的豆腐花，背后是温暖的小店灯光，前面是滴水的梧桐，真可谓“烫，并快乐着”。

前几天在一家看上去非常国际化的豆浆店吃了一碗豆腐花，那豆花比绢豆腐还厚、比家常豆腐还咸，里面放的紫菜像霉干菜一样灰黑，榨菜粒比宫爆鸡丁的块儿小不到哪里去，还泛着苦味。没有麻油，也没有辣油或油辣子、胡椒粉之类的可选择，我突然非常怀念站街吃豆花的日子。愚园路的那家豆花店，十多年前拓宽江苏路时已经动迁，而要在如今的上海再找到一家这样的豆花店恐怕已经很难了。

吃，不是吃形象

大概因为太喜欢温源宁《一知半解》的缘故，我看人常受他的影响。他写周廷旭外表像银行家，没有一丝一毫艺术家常有的外在刻意，诸如长发美髯之类，但恰恰就是这样的人，其绘画艺术以精细和灵巧给人以信任感。后来我在电视里看到朱德群、赵无极，觉得温源宁写周廷旭的文字用在这两位艺术家身上一样合适，真正有本事的人是不用刻意制造吸引眼球的身体效果的。

带着“温氏”眼光，差不多十年前，我第一眼看到一位五六十岁的厨师脑后拖一绺小辫儿的时候，就很怀疑他的厨艺是否真有别人说的那么好。这位“小辫儿绺”那时是设在连卡弗楼上的一家餐厅的主厨，以清淡菜式见长，颇得一众外企白领追捧。我见到他的时候，他应老板要求做了一味餐间调节口感的抹茶果冻，正给大家品尝并听取意见。吃过之后，我发现这味果冻的味道也是这家餐厅的味道，格调不低，所谓清淡到家，清淡到虚无，属于常吃不厌，但吃一次却又没有一样菜可以记住的那种，倒是厨师那刻意留的小辫儿叫人一看就印象深刻。我当时猜想，那么多欲望都市的时髦达人趋之若鹜般来这里就餐，恐怕更多是冲小辫儿绺的吧，无论如何作为一名上了年纪的厨师这副打扮算是够酷的。几年后，有一次朋友请吃饭，饭局在那很久没去的连卡弗楼上。吃到快结束的时候，我才突然想起这店应该就是以前“小辫儿绺”主厨的店呐，只是店名不是以前的那个，菜式也完全变了，浓味得多。疑惑间便向大堂主管求证。答案是肯定的：“小辫儿绺”的形象是学文出身的老板的创意。但是餐厅火了以后，“小辫儿绺”想单干，双方为“小辫儿绺”的形象设计和以他的姓氏命名的私房菜招牌到底应该归谁闹到法庭。如今餐厅是改名了，老主顾也少了，但“小辫儿绺”这个形象也好像销声匿迹了。

作为有本事的厨师，“小辫儿绺”是我所见唯一在外表上刻意张扬的一个，设计这么个外表原本是为了凸显厨艺，鼓动起食客的激情，但现在看来，外在刻意未必能够诱发人们永恒的信任，我甚至怀疑，那清淡透顶的菜色也是刻意营造的淡泊境界，而不是真正的浑然天成，所以才会最终伤了利益攸关的双方的和气。

好吃的东西给谁

亲戚送我只乌骨鸡，特意交待，“是真正彻骨乌鸡，‘宠物圈’里说起来，就是血统纯正，而且是散养吃杂食长大的。”他的意思我明白，所有中医食补意义上的乌鸡营养以及散养草鸡意义上的美妙味觉，都可以从这只鸡身上即食之则得之。接过这只羽毛洁白、头冠与爪子青乌、体型极其漂亮的乌鸡时，我随口说，太好了，正好要去见一位朋友，这下有合适的礼了。亲戚连忙说：“哪能好送人啊！好物什要留着自己吃。”这已经是我一个月里第二次听到这样的话了，前一次是一位朋友，买到刚刚空运来的澳洲龙虾，新鲜得不得了，本来想要做人情的，“结果一想，难得有那么好的东西，不如叫来父母和兄弟姐妹一起享受了。”

有了好东西先给自己或家里人吃，乍一听有点刺耳，不符合礼仪之邦的待客传统，但是若知道一点过去，就会将这样的举动至少看作是国民生活的提高和质量的进步。

我们从小被教育，东西要挑好的送人，自己差一点没有关系。比如，父亲去大连出差带回来许多苹果，母亲就会挑其中大个的、周正的送人，较小的、有瑕疵的自己吃。至于过年的配给年货，那几乎就是春节待客的“当家花旦”。我的小学同桌就曾说过，他最烦过年时家来客人。因为好不容易等来的红烧肉、白斩鸡，他只吃了第一筷，他妈妈就朝他白眼睛，意思是要他识相点，菜多留给客人吃。当然他最喜欢做客，饭桌上只要东道主客气，“我就不看我妈，只管阿呜阿呜地吃。”他说，大概算报复吧。

不仅家庭如此，国家也是这样。经济短缺时期，市场上没有什么好东西。鱼大都比较小，水果大都歪瓜裂枣。我记得有一日母亲买到比家里任何一个盘子都大的新鲜鲳鱼，那是因为我们居住的地区有外宾来参观，菜市场得到允许将出口的鱼拿来卖了。曾听一位从事日语翻译的人说，她上世纪70年代到日本，最最喜欢吃街头卖的良乡糖炒栗子。那栗子，又香又甜，全都一样大小，据说是用一种带洞眼的网筛过的，每500克多少粒都有定数。她曾经在东京不同的地方分别买了同样重量的良乡栗子，边吃边数，果真一个不多也一个不少。吃到后来，她悲从中来：多好的栗子啊！但是在国内根本吃不到。因为我们穷，我们用很多像天津良乡栗子一样的农副产品，以很便宜的价格出口国外换取外汇。而反观日本人，则是最好的东西很少出口，留给自己享用，比如神户牛肉。

所以，我们今天意识到有好东西自己也可以先享受，应该算是社会进步。说明我们有了享受好东西的能力，也有了可以购买相应的好东西作礼物，将自己喜欢的东西替换下来的能力。什么时候中国供内需的东西是最好的，至少出口品与内需品的质量是一样的？不清楚，我想至少也应该是大多数买房人可以将房子按揭的一半款项用来享受生活的时候吧。

重阳醒悟

九九重阳，秋高气爽，登高望远，赏菊辞青，佩茱萸，咬松糕，吃松枝烤的肉，饮枸杞菊花麦冬泡的酒。在这个取意长长久久之日，向古稀耄耋老人祝寿，可谓天人和谐，物我统一，充满诗意。然而，并不是每个人都理会这个魏晋既有、明朝为盛的节日，Y夫妇也只是最近才对此有所关注。

Y夫妇年届耄耋，生于战乱，青壮年时代都奉献给了除迷信破四旧和抓革命促生产，传统节日在他们的意识中是比较平淡的。除夕不守岁，中秋不赏月，寒食节的青团和端午的粽子对他们来说没有太多意义。Y先生从来不过问家务，Y太太在工厂的车间里劳动非常模范，他们视家务为累赘，孩子打小全部送幼儿园和学校寄宿，夫妇俩搭伙在单位食堂，周末全家到饭店就餐。

转眼Y夫妇退休已经20多年。这20多年间，Y夫妇最大的力气就是花在搬迁上。因为他们都烦买菜烧饭，一日三餐不是请钟点工做就是在外面饭店打发，空出许多时间，又没有其他兴趣爱好来填补，他们都感到寂寞难耐，一直想着最好能跟某个孩子住在一起。然而孩子们都有家业，渴望拥有自己的生活空间，所以Y夫妇就退而求其次，想搬到离孩子的住地较近的地方。

起初，Y夫妇放弃黄金地段结构尚好的老房子搬到离老二家只有两三站公交车距离的地方。他们周末都在老二家吃饭，逢年过节就到老大或老三家，一周的中间两人上一天饭店，其他的日子用Y太太的话说就是“一混就混过去了”。但是几年前，老二也到了退休年龄，并且身体不好，还要照顾正在上大学的儿子，每周两天做三代同堂的饭菜，加上时不时被二老召唤去陪他们聊天、看医生（Y夫妇没病的时候也经常要去看医生防病），老二已经力不从心，疲惫和倦怠写在脸上。于是，Y夫妇又搬到了老三家对面的小区，他们想，这样可以每天到老三家吃饭了，“老三要说吃不消，顶多请一个钟点工帮忙，工钱我们来出好了。”Y太太这样对她从前的小姐妹淘说。但是，老三媳妇和Y夫妇无论是饮食习惯还是作息时间都对不上号，才刚刚一个月，彼此都觉得在一起吃饭是莫大的负担……

Y夫妇这才开始真正过起两人世界。

在这个重阳节，孩子们都送来了祝寿的礼物，Y夫妇还是觉得日子空洞洞的。“假使，”Y先生对太太说，“假使我们像刚结婚时的隔壁邻居胖嫂家那样，自己买汏、烧，每个节日都认认真真过，自己磨粉做汤圆，自己买箬叶裹粽子，自己烧饭做菜，恐怕每天就会忙忙碌碌，不会像现在这样空得慌了。”

“格么，明朝我就去买本菜谱回来好了。”Y太太大概在丈夫的话语中发现了他深埋心中的怨怼，一想到人生暮年，便生出赶紧挽回的冲动。

小贩先知

春江水暖鸭先知，老百姓想吃什么小贩先知。

冬至已过，天空飘雪，小贩们就开始变换门脸儿了。原先只是一家普普通通的烟纸店，转眼门前就支起一口硕大的砂锅开卖坛子卤煮猪头。只要你从他门前经过，就可看见有人在排队，少时仨俩，多时七八位。那坛子里的货色果真诱人，红曲卤煮的猪耳朵、猪尾巴、猪鼻子和猪舌头，都是被分割的猪脸的一部分，经过盐卤和焖烧，一个个晶亮挺括，仿佛各自又成为别一个生命体。烟纸店旁边那家在夏天卖凉茶的，这到了冬天就开始卖炒货，还架起一座磨盘，两个长得山青水绿的小姑娘天天轮番在那里磨着黑芝麻、核桃仁、芡实或者黑豆，手推磨的行为艺术和现场加工的香气使得她们吸引到更多的顾客。再过十多天，这家店又将改卖现做的各色汤圆了。

小贩是城市商业最敏感最活跃的细胞，他们对消费需求的把握有着惊人的准确性。在菜市场，这种准确性除了表现为日常意义上的卖蔬菜瓜果的提供择菜削皮，卖活禽的提供宰杀，卖鱼的提供刮鳞清内脏，到了冬天，更加深化为季节性的免费加工。

寒冬腊月是制作腌腊品的好时节，可能冬季储藏食物是人的原始本能，尽管当下现成的腌腊制品到处有卖，但不少人还是更加愿意亲身体验从挑选鲜活的原材料，到宰杀、腌制完成的过程。菜市场有新鲜的鸡鸭鱼肉，并且菜市场的建筑结构四面通风又晒不到太阳，非常适合前期腌制环境。所以一到冬天，菜市场的小贩们就分外忙碌起来。

海鲜柜台的伙计要帮顾客腌制硕大的海鳗，有的做成暴腌的鳗段，有的做成风干的鳗鲞，无论哪一种，都编了号挂上顾客标签的吊牌，待加工完成后，让顾客照单来取就是。这样的景象也出现在鸡鸭以及淡水鱼的柜台。带毛的风鸡，光板的腊鸭，纸包青鱼干，花椒咸趸鸡（阉割过的公鸡），一排排挂满那些柜台上方的天花板。小贩的腌制加工大部分是免费的，前提就是你必须要买他那柜上的鲜货。倘若你嫌他们提供的盐或料酒差，可以自备。我就曾经自带了炒熟的花椒、盐、干红椒和上好的白酒去，叫鱼贩给我腌制两条乌青。但是待腌好后发现没有办法将其跟小贩腌渍的鱼区分开来，因为鱼需要放在缸里用大石头压几天将水分压出然后挂在通风处风干，小贩地盘有限，只能是将许多条鱼一起放在一口大缸里压，彼此的味道也就混在一起。但是，他们自有办法，找来一口旧砂锅，将我买的鱼单独放在砂锅里腌。

这样的“量身定制”应该算个性服务，要在国外，加工费一定不菲。但在我们这里，只是小贩的一种促销手段，所以说中国人是有口福的。

熟面孔

在菜市场买菜，我几乎都找固定的熟面孔。买蔬菜去那对姐弟档，买肉就找某个品牌专卖铺的胖小伙，买水产去三兄弟妯娌的大鱼档，买鸡鸭就是妻子招徕、丈夫宰杀的夫妻档啦。

卖猪肉的小伙子动作精准麻利。他像某小说里描写的王一刀，报出一个价，一刀下去上秤，八九不离十。边上也有同一品牌肉的摊儿，摊主是位时髦女子，爱惜自己的彩绘指甲，从来不用手提肉，肉都预先一字排开，再大的扇，也只将刀划拉来拨弄去，一刀下去相差二三百克，一脸的不情愿，去了就是自讨没趣。去夫妻档买鸡鸭，买的是贴心。他们总是先问蒸、炒还是煲汤，然后根据顾客的意思挑选再加工处理，整只童子鸡清蒸，大块老母鸡煲汤，小块鸭子红烧。奇的是他们总能记得我买鸡要弃鸡脖。

三对兄弟妯娌的大鱼档则有聚会的气氛。他们分别来自不同省份，打工时相识走到一起，成为亲戚。闲时他们扎堆下象棋，忙时彼此配合默契，几乎顾客所有的要求他们都愿意满足：甲鱼烫好，鳗鱼剪成连着的段，即使买一条10元的鲈鱼，想处理成薄片，到手的就一定是主休剪成一片片透明的薄片但在背部鱼皮连着头尾的一条鱼。

那卖蔬菜的姐姐有几分文气，慢声细语从不吆喝，卖蚕豆添一把葱，卖米苋放上几粒蒜。而弟弟总是帮姐姐搬运，或者帮顾客剥笋壳，摘芹菜叶。比起边上太过热情的摊主，他们让人觉得舒坦。有一回这摊上多了一位膀大腰圆目细髭黑的汉子，见我不问价格单看电子秤尾数，将毛菜居然约出了肉价。当下问他跟摊主的关系，他道那姐姐是他媳妇儿。顿时生出几分失落，水淋淋的菜感觉一下子蔫了，从此不在这摊儿买菜。只是每次经过时对那姐姐免不了多端详几眼，总觉得她似乎吃了亏。

人类的吃是本能，也是不自觉的行为艺术，吃什么？怎么吃？何时吃？从谁那儿买吃？都有讲究，总希望吃到肚皮里的不是气不是难受、而是快乐是福。

初识买菜

逛菜市场的经历最早大概是在上小学的时候。父母工薪族，整天忙碌，请不起保姆，也不愿意小孩子荒废学业帮忙，所有家务事儿亲历亲为又力不从心，只能一切从简。记忆中除了过年，父母几乎从来没有一早去菜市场排队买过菜，那时还没有发明塑料马甲袋，家家都提竹篮买菜，而我家在很长一段时间里，连买菜的篮子都不需要，所有吃的都是父母下班后带回家的，比如装在网线兜里的蔬菜，包在牛皮纸里的熟食，包在报纸里用草绳扎了提着的鱼或猪肉，小蒲包里的虾蟹等。不过最常见的是装在纸袋袋里的盆菜。

最初我不知道盆菜的含义，只是听父母提起："晚上吃什么？""有3个盆菜，很快就好。"等到吃饭时桌上有3个菜，于是我就怀疑是自己听错了，应该是3盆菜。直到有一个星期天，午睡后母亲提出带我去逛百货店，顺便到菜市场买点菜。这才知所谓盆菜，就是菜市场搭配好了出卖的菜，比如做汤的肉皮粉丝，蘑菇炒菜心的几棵小青菜和几个鲜蘑菇，做青椒肉丝的几个青椒和一小块猪肉等。这些都放在一个个搪瓷盆里，标上价，有五角的，也有八角或一元的，记得当时最贵的是一盆剥皮蹄膀加几个茨菰，一元两角。盆菜由此得名。

应该说，这第一次上菜市场的经历，开启了我对家庭伙食的初步认知。我知道了菜是需要搭配的，同是鸡蛋，一盆鸡蛋边放两个西红柿，一盆鸡蛋配肉糜，便成了两个完全不同口味的菜。也知道家里每一顿饭都是有价格的，并不像原来想象的，上馆子要花钱，吃家里的就不用花钱。当然更知道父母的艰辛和不易。因为菜市场盆菜比其他菜要贵好多，父母之所以选择盆菜，是因为物质匮乏年代买任何菜都要排队，他们实在没有时间，也舍不得孩子代自己去排队。

时至今日，我去菜市场或超市，偶尔遇见有排队购买的东西，一般不会去轧闹猛，恐怕都跟第一次上菜市场所产生的认知有关。

“随便”不随便

饭桌上家人吃得欢，我征求意见“明天吃什么？”

“随便！”“随便！”

“随便”其实就是不随便。就像老师出个什么都任选的写作题，看上去自由度高，但往往难得高分，因为所有的要求，老师早已心中有谱，学生倘若真的放开了自由地写，距离老师的要求可能越远。

准备一顿晚饭也是一项需要想象构思、选材布局、前后照顾呼应，最后让目标人群——也就是家庭成员检验接受的工程，跟写文章差不多。一般情况下，一周之内，我不会让家人吃2顿色、香、味完全相同的饭，以免产生审美疲劳。买菜的时候，要考虑上几天的菜单，避免重复，还要给下一天的菜单留下更新的空间。比如菜场的毛豆新鲜又便宜，预想青红柿子椒、新土豆和茭白炒素什锦里，加上少量毛豆会增色香，但考虑到前一天刚把老火腿加新毛豆熬成底做了个丝瓜蛋汤，那就只能将今天炒菜里的毛豆改为香干丁，并且把原本想做的蛤蜊豆腐汤，换成雪菜黄鱼汤，这样一来，第二天的汤也同时设计好了，剩下的就是想象明天配什么颜色和口味的肉食和蔬菜才可能衬出蛤蜊豆腐的清淡鲜白。

第二天去超市，先往推车里放红米苋，到买肉食时，想起猪大排、牛腱子是前两天刚吃过的，于是挑有少量红曲粉调味的奥尔良烤鸡仔，考虑到色彩，红米苋就要换成青米苋，但超市里没有青米苋，于是拿了蓬蒿菜。回家后，烤鸡加黑胡椒粒回炉，以改变大卖场口味的平庸，蛤蜊和豆腐煮开便离火，然后将在油锅里煸炒得香气十足，几乎极少量的干菜末、葱末和几丝干红椒撮在那几小方尚未被汤淹没的豆腐上，盖上盖焖两三分钟。上桌揭盖，哈，菜是绿的，鸡仔是微焦红的，那汤，蛤蜊刚张口，豆腐雪白，面上那一小撮煸炒料淡淡的酱色，正一点点、一丝丝漾开来，既着色又增味，但不改变汤清淡的本色。

这样直奔家人清淡而要有味的口味主题，是长期揣摩那“随便”的结果。

试吃

小时候读到过一个故事。说一家咖啡店搞促销，请顾客免费品尝咖啡和小甜饼，每天有位衣冠整洁、仪态优雅的老人在中午人少的时候前来品尝。他每一样都吃得不多，非常得体，喝一两口咖啡，完了什么都不买，很绅士地向推销员摘帽欠身，算是道别。一天，推销员发现这位老人其实是陷于困顿中的无家可归者，他每天不脱时辰地前来品尝，是为了充饥。于是好心的推销员第二天自己花钱买了一个汉堡和一些小甜饼样品一起放在一个纸袋里，等老人来。中午过后，老人如往常一样来了，品尝完要告别时，推销员将准备好的纸袋给他，说这是为他留的晚餐。结果老人没有拿，只是默默地转身离开，从此再也没有出现。

这个有点伤感的故事放在今天，就是推销或接受心理学的反面案例，但在那时，很有点意识形态的味道，老师提炼出的主题思想是“人再穷也不吃嗟来之食”。从此我的心理上留下了一个刻板印象：不花钱品尝店里的食物是不体面的。如果没有更进一步的刺激，刻板印象随时间流逝会渐渐模糊，但一次陪朋友在食品商店购物的经历，又加深了这种印象。当时朋友在一种牛肉干前犹豫，销售员异常热情地递上样品让她品尝。尝过后，朋友觉得味道不是自己喜欢的那种，没有购买。转身离开的时候我们清楚听到售货员在背后嘀咕："不买么尝啥味道，想揩油就讲一声。"为了尝这送上来的一口，平白遭羞辱，我更认定商家推出试吃存有钓客宰人的坏心。

有人一朝被蛇咬十年怕井绳，但也有人会从此拥有抗体。我发现我的朋友就是属于后一种，年底和她一起去超市购物，就像去参加一个派对。一进超市，她推着车引我朝有奶茶香的方向去，几个学生样的男女正在泡三合一奶茶请人品尝。朋友端起一小杯喝了，大概因为味道不错，当即在货架上取了一整包奶茶放在推车里。学生们异常兴奋，又斟了满满一杯给她。她将这一杯给了我："喝吧，很解渴的。"端着奶茶，我才发现超市里许多人都在一边吃一边逡巡购物。朋友告诉我：现在超市做促销的，大多是商校的学生，不像以前那些中年人，将顾客当作猎物一样，逮着一个是一个。这些学生平时在家是独生子女，有吃有喝不干家务，到超市上班用新潮的小家电做点新颖的速食搞促销，就跟玩家家一样，所以不必担心试吃后不买东西他们会发难，相反，他们还希望你参加他们的游戏呢。这话马上得到应验。走过一个速冻水饺的促销点时，像广告片里一样系着围裙的漂亮小姑娘正跷着兰花指很吃力地在将煮熟的饺子捞出锅。朋友上去帮了一下，小姑娘怯怯地问："阿姨，你肚子饿不饿？随便尝几个吧。"朋友在一个小杯里放了两个饺子，让我帮着吃掉。我觉得饺子的味道不错，这么想着，也就说出来了。小姑娘马上咧开嘴笑了，"就是嘛，我做得慢，这么好吃的饺子没有人来尝，你们再多吃几个。"

那天我买了三大包饺子，回家后发现，冰箱里根本放不下，全家晚餐只好吃饺子。不过也悟出一个道理，食物因材质和加工不同固然有好坏，但是最重要的好品质是能够让人吃后感到快乐。

吃客

吃客，非古代寄存于官宦人家的食客，更不是光吃不做事的“吃货”，而是指热衷品尝各色美食、熟谙饮食之道的人。被称为“吃客”者，一般天赋语言表达能力，是圈子里的美食向导，酒席上的菜点评委，茶余饭后与名人相关的美食故事篓子。平生有幸成为同事的前辈S老，就是这样的吃客。

S老学问好，小时候有过一段好日子，见过世面。一道菜或者点心由他嘴里说出来，听者就会产生身临其境的幻觉，色、香、味，还有名人掌故，简直是美食情景大片。想象一下吧：半个多世纪前，淮海路的某幢公寓里，周末凌晨1点多了，舅妈家的牌局将散不散，牌桌上的父亲正想着这回该吃点什么样的夜宵，舅妈就端上了亲手做的桂花赤豆羹，里面像大西米一样的微型小汤圆，居然还是加了芝麻馅的。这样的夜宵，舅妈给家人和客人做了几十年，直到舅舅去世，母亲也去世，舅妈和父亲，这两位老人成为了一家。有点张爱玲的传奇味吧，可是温馨多了。

换一个地方，四十多年前，内地某个地方，正值饥荒日，所有地上走的家畜、水里游的鱼蟹几乎都绝迹了，连地里的野菜都吃光了。可有一样东西当地人不吃，却将S老喂胖了，并且还变得体格强壮，那就是鳖，上海人叫甲鱼。那时S老因为一本书而被误判去劳改农场改造，以前没干过的体力活都干了，还学会了捉鳖。“那种真正野生的甲鱼呀，你们现在是没有福气享用了。”S老每说起这样的事，别人都不会觉着苦哈哈，反而产生一种没赶上的遗憾。

但是事到如今，有一句话没好意思跟S老说，那就是他介绍的食物，真的尝过后，都没有他说的那么好吃。同事们将这一点归为S老自己不会烹饪，纸上谈兵，距离产生美，但与事实毕竟不是一回事。

祛火一族

一直有个解不开的疑惑，仿佛身边所有的人都需要祛暑败火。

小时候，有位在中学教化学的女邻居，春天不是见她在剁碎马兰头和香干，就是见她在摘枸杞藤的嫩芽。她说，马兰头和枸杞藤都是清火的。夏天放暑假，她家的煤气炉一上午都不闲着，炖好百合绿豆汤，又煮芦笋或冬瓜火腿汤。她认为大热天，应该多喝清凉、解暑、利尿的汤水；秋天一到，她家最早飘出藕香，这藕的香气其实很淡，可是很独特，炒藕丝、藕片鸭汤，透着一股清香。她曾经告诉大家，这喜水的东西就是比较凉性，吃了不会上火。真的，确实没见到她买鸡，只买鸭，与鸭汤为伍的除了藕，还有芋艿、嫩菱，这不都是喜水的吗？到了冬天，别人家都做红枣赤豆汤，她家是银耳羹，有时还煮上一大锅野荸荠。她将荸荠都分给我们这些楼里的小孩吃，她只喝荸荠汤。她不吃牛肉，很少吃猪肉，常吃鸭蛋和淡水鱼，不吃鸡蛋和海鱼，偶食虾，不碰蟹，葱蒜不进门，禁绝韭菜、辣椒。所有的甜分来自蜂蜜和少量的冰糖，苦瓜、苦丁茶等别人难以下咽的她津津乐道，引以为乐趣。最绝的是连苦菜都吃，她说这是真正的野菜，十分凉性，吃了没火气。

嘿嘿，可是，我这辈子见过生最大、最多热疱的人，就数她了。在饮食习惯上，我母亲总是拿她说事，希望我能以她为榜样，懂得饮食养生。每当这时，我就想起化学老师那一年四季很少看不到的、不是在上嘴唇就是在下嘴唇、不是左边就是右边的热疱。

观察过女性在吃的方面的嗜好，像化学老师这样的还真不少。她们视食物为药，凡食必问功效。油腻的不吃，怕胖；煎炸的不吃，怕致癌；咖啡、茶叶、巧克力不吃，怕肤色暗；连海鲜、牛肉、大闸蟹、辣椒、洋葱、大蒜都一概不吃，怕长痘。清热祛火仿佛是她们进食最重要的目的，吃药吃牛黄解毒丸，喝汤喝排毒养颜汤。跟这样的人一起吃饭，让她们坐在转盘末位顺序倒也罢了，如果正好是服务生送菜的位置，每个菜都是她第一个动筷子，那这顿饭就惨了。上来一道美味，所有的人盼着她赶紧下筷好轮到自己大快朵颐，可她却举筷游弋半天，才从盘底拖出一星半点，很不情愿地放到嘴里，那样子很像古装戏里宫女为皇帝和太后试毒。结果，原本热热闹闹的气氛，一下显得诡异，所有人对这盘菜都小心翼翼，蜻蜓点水般地搛一点点，好像怀着某种歉意。

但是，无论怎么样，色斑要祛不祛，“豆豆”该生还生。君不见，化妆品美白祛痘最多，养生药排毒养颜最火嘛。

你敢不敢吃

有一件事想起来就有点后怕。那时，孩子还在上幼儿园。有朋友在一家小饭馆请吃饭，点了一条不知什么名儿的蛇和一条青鱼。菜单刚下不久，就有一伙计端了两个小酒杯过来，杯子里浑浊的液体各浸着一颗歪葡萄似的苦胆，它们分别属于那条蛇以及那条青鱼。餐桌上人们热情地将那两个酒杯让来让去，最后全都推到我孩子的面前。大家认为，鱼或蛇的苦胆能够清火明目，这样的好事当然要优先考虑下一代。说实话，对于吃蛇，我原本就有腹诽，当着孩子的面，将益虫杀了充当美食，不是好的教化。眼下居然要生啖苦胆，还须和着烈性的白酒，这景象跟茹毛饮血的酒徒有何两样！

心里这样想却不能这么说，正踯躅呢，只见一位年长的朋友端起一个酒杯，囫囵吞下杯中之物，然后对孩子说：看，大伯伯已经吃下去了，你是男子汉，也勇敢地吃下去吧！孩子天性好奇，又喜争强，经不住激将，立马用绿林好汉般的夸张动作端起酒杯仰脖子一饮而尽。

不几日，读到报纸上一则消息：有人因生吞鱼胆中毒，生命垂危。当时，一阵冷汗，从头凉到脚。回家赶紧带孩子去医院，验血验尿验大便，直到结果一切正常才放心。对食物多生一份疑心，我是从那次难忘的甲肝流行开始的。要不是家里人在菜市场看到当年的毛蚶都没有泥，怀疑毛蚶是死的，不新鲜，或养在浅滩不卫生，极有可能一家人在那个周末开毛蚶宴。一个小小的疑问，让全家躲避了灾难，从此也就养成不乱吃东西的习惯。

其实，有选择地吃，也是人类文明的一个重要指征。当年犹太祖先就给他们的族裔定下了可食的规矩。像只能吃偶蹄反刍并且是正当宰杀的牲畜，不能吃没有鳞和翅的鱼等习俗，在人类文明起始，让许多人避免了从杂食、病死或有害的动物那里染上疾病。反之，滥食所造成的危害，教训也极为深刻。不算远的SARS阴影里，就伏着果子狸咧。

你最喜欢吃什么

“阿乌一口，宝宝阿乌阿乌！”经常会浮现儿子小时候捧着一弯瓤白子也白的西瓜，嘴巴和眼睛都笑眯成小月牙的样子，他说：“西瓜真甜呀！”那一刻初次尝到对孩子的歉意，从此学会了在堆积如山的西瓜摊上，能够一眼相中一个好西瓜。几年过去，好西瓜搬回去无数，儿子却总是浅尝辄止。

“为啥不多吃一点呢？你小时候最喜欢吃西瓜了。”

“是吗？我怎么不记得？”儿子一脸茫然，每一次都令我失望得近乎失落。

类似的故事，主角可以换成我和我的父母，或者我丈夫和他的父母，甚至我儿子和我的婆婆。

一日午间，忙里偷闲去看望父母。父亲赶去买很多熟食，母亲临时炒出两样热菜，真是很丰盛。然而，父亲还在厨房埋头剥两个皮蛋。

“那么多菜了，还要皮蛋干吗？”

“因为你最喜欢吃皮蛋。”

母亲话音未落，我抢白道：“我最不喜欢吃皮蛋，又不是没有告诉过你们。”这时父亲笑呵呵端着碗过来，问：“你说你最喜欢吃什么？你能说出来吗？”这下子我还真说不上来。意大利浓咖啡、起士蛋糕，或者臭豆腐、小核桃、螃蟹，很多喜欢的东西，但都不是“最”。而此时碗里那两个剥得像工艺品一样剔透完美的皮蛋，提示我父母讲了很多次的故事：我在我儿子捧白瓤白子西瓜的年龄，曾经乘父母不注意，将准备装盆的4个剥好的皮蛋中的一个，拿在手里，空口吃光了，他们发现的时候，我正在舔沾满绿色皮蛋黄的手指。

打开家里的冰箱，里面速冻着很多百叶包肉，那是婆婆专门做好送来的，她说孙子最喜欢吃这个，她的记忆是小孙子一次吃掉了大半碗。而公公呢，有时会抱怨现在很难买到那种咸甜烧饼了，他记得我丈夫小时候比较盼望他的绍兴亲戚带这种点心来上海。尽管在儿子和丈夫的眼里，这些根本就不是他们喜欢吃的。

你最喜欢吃什么？你说不上来，但是，最爱你的那个人知道，因为那是你喜欢而满足的样子。正如一句广告说的：你快乐，所以我快乐！

留住那一种凝视

“不要看我！为什么看我？跟你说不要看，怎么你还看着我？”广告里稚气的童音一下将正在厨房忙碌的婆婆吸引到电视机前。“格（沪语‘这’）小人老（沪语‘很’）像阿拉成成的！”婆婆笑嘻嘻地说，露出掉了门牙的豁口。儿子是单眼皮男生，屏幕里的小男孩是大眼睛靓仔。可是在奶奶的眼里，世上所有的好小囡集中起来，最后就化为孙子一个。

搬离父母，小家庭过单飞的日子已经十年。孩子从幼儿长成少年；父母从刚刚退休、精力充沛的中老年趋向龙钟。隔三岔五，婆婆总要送一些菜来。起初有三样：油焖烤麸、千张包肉和炒酱。婆婆的油焖烤麸无论调味的高汤酱汁多么丰盈，等到完工，那烤麸决不水濮濮，入味很有嚼劲，这是丈夫爱吃的。千张包肉是我比较喜欢的。婆婆做的千张包形状小巧，肉馅调入切碎的荸荠和小葱。几个一小扎以快火煮熟，汁汤清澈，千张白嫩，一咬一口汤，鲜美爽口。炒酱是儿子的最爱。婆婆做一次炒酱，公公得一早去菜场兜上1、2个小时才能将所有的料配齐：笋，冬天要冬笋，春天是竹笋，而且只取无渣的笋尖；有品牌的纯精肉；马桥香干；当年的去衣花生，须油炸加工熟又经过脱脂的；面酱；豆瓣酱。炒酱的过程就更复杂。肉要洗净滗水，笋要先焯一遍，所有的配料都要切成差不多大小的丁，面酱和豆瓣酱要按一定比例在热油锅里先炒混。这个炒酱不濡不燥，爽脆鲜香。婆婆喜欢看我们吃她做的菜。尤其孙子狼吞虎咽的样子，看得她常常笑出声。每当这时，孙子就会抗议："你不要看着我吃嘛！"

眼看婆婆年纪大了，为了减少她的辛苦，一日，丈夫告诉她，烤麸已经吃厌了，千张包我们也会做了。没想到婆婆顿时显得很失落。

现在婆婆还是常常送菜来，不过来之前一定先问一声："成成在不在家？"她态度明确是为孙子送炒酱来。而我呢，再怎么自以为能干，也不会去学做炒酱。留住婆婆炒酱的专利，就是留住一份慈爱的凝视。

豆浆机小心思

朋友送我台豆浆机，领略了它的好处后赶紧给爸妈也送去一台。设想了很多开心场面是关于他们与豆浆机之间的：比如爸哪一天忘了买豆腐，不再愧对遵医嘱不吃甚至少吃肉、多吃豆制品的妈，妈会偶尔做一次咸豆浆、买上一副大饼油条或者一块粢饭糕，给爸解解馋。还有每天早上，他们各自忙完了自己的健身课程后，能够在一起磨豆浆、喝豆浆，一副老来相伴其乐融融的样子。这样想的时候，感觉自己比那些叫小姑娘端着做好的豆浆请人喝的促销策划要高明多了。

但是，生活永远比想象丰富。爸妈确实每天使用豆浆机，但不在早上而是在下午。因为他们制作豆浆的份额里包含有跟他们生活在一起的我的小侄儿（他们的小孙子）的份儿。孙子一早要上学，来不及喝现做的豆浆，晚上做了第二天吃又不新鲜，所以爸妈就将豆浆的制作放在了下午三点钟，一般情况是豆浆做好，孙子正好回来。爸妈每天也留出一段时间一起制作豆浆，午饭之后稍事休息，他们就忙活了。根据食补原理，他们自制五谷豆浆，有时是核桃玉米豆浆，有时是花生豆浆。玉米要先煮开，花生要先浸泡好，然后剥去花生衣，这是因为妈的血脂和爸的血黏度高，妈说这么做是为了爸、爸说是为了妈。他们还仔细摘去花生的胚芽，因为孙儿气管弱，常咳嗽，摘去胚芽可以防止诱发咳嗽。喝豆浆的时候，爸是一饮而尽然后急急忙忙去练书法，因为原本下午练书法的时间一部分用来剥花生了。妈有时将豆浆倒在杯子里却忘了喝，因为照顾放学回家的孙儿洗手、洗脸、换家常衣服、喝豆浆以及布置好环境让孙儿心平气静开始做功课后，差不多她就该去准备晚餐了。看到他们这样忙碌，我甚至怀疑这豆浆机是否送错了。但是爸妈见到我总是夸奖：这豆浆机“赞”，囡囡（孙子）放学回来正好是又饿又渴，热豆浆配小点心，比饮料要乐胃多了。

有位朋友对我说，她跟我不一样，对烧饭做菜这类事一点兴趣也没有。我问自己，对烧饭天生感兴趣么？答案是否定的。因为一个人的时候我从来不做饭。在吃这件事情上愿意花心思有几种可能：出于成功的需要，厨师和一些喜欢在别人面前现厨艺的便是；出于享受美味的需要，四处寻觅珍馐美馔的老饕便是；但占最大多数的人，往往是因为情感的需要。爸妈爱他们的孙儿，便是再怎么麻烦也是不麻烦。朋友遇人不淑，离了婚，自然也就没有了做一顿好饭的心情。

回家自制豆浆，我发现不知不觉中我步了爸妈的后尘，我浸泡豆子的时间比别人长一些，然后尽可能搓掉豆衣，老公嘌呤偏高，大豆的嘌呤含量大部分在豆衣里。另外儿子不喜欢豆浆有渣，去了豆衣后打出的豆浆真的很细腻。

不错过“花生米不满足”

有朋友质疑：你是泼留希金还是葛朗台呀，拿差不多的薪水，我请钟点工代劳，你却放下手头该做的不做，在家当烧火娘姨？

为了省下钱买更好的食材、去更多好玩的地方；或者就是为了喜欢烟熏火燎做饭、满头大汗刷锅碗瓢盆的感觉。不过，这些理由连自己都说服不了。真要省钱，用做家务的时间去挣钱，可以是钟点工劳务费的好多倍。倘若真爱厨艺，即使独自在家也该兴高采烈为自己做一顿好吃的，可我往往一块蛋糕和一杯咖啡就打发了，并且总在吃饭时辰，带着家里的客人去餐馆。之所以大热天心甘情愿在家当烧火娘姨，原因说出来很小气很自私，只是不想错过有些东西。

以前看过丰子恺的一幅漫画，叫“花生米不满足”。画里的孩子撇嘴蹙眉马上就要哭出来了，面前是三颗花生米。子恺儿童画大都就地取材，画上留波波头的是女儿阿宝，光头或桃子头的是儿子瞻瞻。每个父母都觉得自己的孩子最天真可爱，这张画让我知道所有的孩子其实都是差不多的。每次去菜市场买菜，或者设想今天该做点什么好吃的时，“花生米不满足”就浮现在我眼前，只是那三颗花生米不断被其他东西替代，比如一份青椒炒土豆丝。有一回出差回家，看到跟画上瞻瞻差不多年纪的儿子，正是一副“花生米不满足”的表情对着一碗青椒土豆丝。他的奶奶在埋怨：你这孩子，说要吃青椒土豆丝，我做了，你又说不是。那小光脑袋上的嘴往下撇得更弯，眉头蹙得都红了：“我要的是妈妈做的那样的，土豆丝细细的，青椒丝绿绿的。这个青椒土豆丝那么粗那么烂怎么吃啊。”我赶紧重做一份，那个光脑袋上的眉毛和嘴才终于朝着哭的反方向弯回去。我不想错过的，就是这张由哭变笑的脸。

为了这不错过，买牛肉的时候，心里的菜谱是咖喱牛腩，但是脑海里马上就会浮现“花生米不满足”，儿子不喜欢咖喱，喜欢原汁原味的，结果就改成了清焖牛腱。晚餐的时候，饭桌边果然升起一张“很满足”的笑脸。为了同样的反应，想买红米苋结果换成绿米苋，做通心粉的番茄沙司全换成了黑椒沙司。

当然，“花生米不满足”会长大，会不记得甚至根本感觉不到别人为了他的满足所做的一切，即使知道了也不以为然：“不必那么费力，买个汉堡就OK了。”曾经设想，一旦出现这样的情况我会很感伤。但这一天真的来了却也坦然，因为自己也曾“不满足”，也曾在很长一段时间自作聪明，拂却许多父母隐含在食物里的心意。可是如今，无论走到哪里，吃多么好吃的食物，味觉最不忍拒绝、觉得最落胃好吃的，还是小时候吃惯的食物。

月饼代表我的心

记忆中有两个中秋印象深刻。

上世纪70年代，刚上小学，一周5个夜晚随母住浦东单位集体宿舍，只在周末回到浦西的家与父亲团聚。一日晚饭后，宿舍里的人都聚在一起看电视，附属幼儿园的沈老师说要带我上街。她是宿舍里最漂亮的女人，回想起来长得有点像《滚滚红尘》里的林青霞。为了这，我曾经多次把那个经常将她打得鼻青眼肿还要来找她回家的男人锁在宿舍门外。那时沈老师不知何事被停职发配在食堂帮厨，宿舍里其他人很少跟她说话，母亲是她朋友，可那天在大庭广众之下，母亲也用力地使眼神示意我别跟着走。我抓着沈老师纤细的手指，一步一回头瞟母亲的颜色，最后还是走出门去。沈老师带我到镇上的食品店，给我买了一个月饼。这是我完整吃掉的第一个月饼。回去时经过一段两边是农田的路，她让我看月亮，说中秋的月亮最好看。以后，我凡是读到与月亮相关的文字，无论是鲁迅笔下照耀少年闰土和看完社戏坐大木船回家的孩子们的月亮，还是张爱玲那著名的“三十年前的月亮”，也无论是冷色调还是明亮而有暖意的，我脑海里浮现的，总是这个童年中秋的月亮。记得特别清楚的是，我吃的那个月饼上有一些刻字，唯有“伍仁”两字我认得，后来也就一直偏爱这个口味。

1983年的中秋，我大学生活最后的秋季，那天与异性第一次牵手。白天我们到植物园看菊花，晚上背着书包去南京路德大吃饭。回到学校，寝室里同学告诉我，我父母来了又走了，留下一个大饭盒。不用打开我也猜得出，里面应该有切成8个1/4不同口味的月饼，还有洗净的葡萄或切成小块的哈密瓜。家里每个孩子上大学期间，只要碰到中秋不是周末，父母都会送去这样的饭盒，并亲手交到孩子手里。这一次他们没有等到我。当时我心里发誓，以后每个中秋节，无论我在哪里，都要给父母送月饼。

可此时，我突然发现，不给父母送月饼已经好几年，总觉得忙，叫快递送。有一次干脆代之以印着牌子和价格的月饼票。年老的父母一定是让票子上印的数额给吓坏了，违反因血糖指数偏高而月饼每年只吃一小块的习惯，整整一周，将月饼充了早饭。

这样的月饼，还能代表谁的心！

80奶爸

“夏——日消融，江——河横溢，人或——为鱼鳖。千——秋功罪，谁人曾——与评说？”最近被一出间谍剧《潜伏》弄得有点神魂颠倒的“80后”王，在午休结束铃响起的刹那，伸了个懒腰，迸出了剧中患口吃的特务的一段台词——毛泽东《念奴娇·昆仑》中的句子。众人哑然，纷纷朝他看去，但见他的电脑屏上挂着关于“皮革奶”的新闻。

王是办公室早婚早育的典型，很多“70后”的中世代和末世代还放着单飞，王的孩子已经1岁，学叫爸爸了。别看他自己还像个长不大的孩子，追着喜羊羊一集一集地看，他对儿子的关怀是一点不比那些成熟老练的大姐大妈少。他的名言是“养孩子如养狗”。他家的牧羊犬除了鸡蛋，只吃名牌狗粮，他的儿子更是只吃进口奶粉和各类营养米粉，连鲜鸡蛋都不吃，以蛋黄酱之类代替，“喂孩子哪有你们说的那么艰难。”

但是，最近各类加工合成的婴幼儿食品频频爆出问题，王的孩子又处在婴儿转向幼儿的关键时刻，开始厌倦各类加工食品，常常是冲好的奶粉喝一口吐一口，米粉一送到他嘴边就将小嘴唇抿紧。看着儿子的小脸蛋一天天瘦下去，王的烦恼也随之产生。他感叹科技进步和食品加工业的发达虽减轻了人的负担，其代价是让孩子更少吃到来自自然的新鲜食物。室里一位已经当上外公的“50后”对王循循善诱：毛词都含有战略思想。昆仑是高，但你完全可以“不要这高，不要这多雪”。王是聪明人，尽管不了解毛词的全部，但他马上上网查对，明白了个中道理。

最近几天，王在午休时间向室里的妈妈们讨教怎样给孩子做牛肉糜卷心菜粥、鸡汁土豆泥的经验，还不忘天天煮一个草鸡蛋，将蛋黄研成粉末放在各类粥里。一日，“50后”甚至还听到他向隔壁办公室的一位小妈妈传授经验：给孩子吃的食物分成三部分：一部分是现成的添加营养食品，忙时给孩子吃这个，既方便也兼顾到了营养的全面性；一部分是保持纯天然原汁原味的食物，比如鲜榨果汁类的，那是培养孩子味觉增加进食乐趣的；最后一部分是自己用新鲜的食物烹调加工的，像各类粥、汤、糊、羹，那是将孩子带入真实人生的开始。

“50后”不得不叹服，“80后”王实在是太聪明了，连毛词中“安得倚天抽宝剑，把汝裁为三截”都活学活用得那么到位。

金老师的午宴

50年一遇的冬雪，连绵下了两星期。也许老天觉得阴霾得有点过分，在中间安排了一日晴好天气，算舒展一下抑郁的眉头。这一天，恰是预定到金老师家吃饭的日子。

金老师在小学教语文，之前我们从来没有见过面。有位朋友经常在我面前絮叨一些关于她的事。比如，课间，金老师上休息室续茶水，回教室时发现学生像离了大圣的花果山猴儿大吵大闹，她没有立马吓止，而是端着水杯站定在那里，冲孩子们嘿嘿地笑。班上很快安静下来，突然有位不服气的小男生嘟哝，“满脸奸笑！”全班都听到了。金老师没生气，而是问，“还有更妙的吗？”一个小女孩连忙接道，“绵里藏针。”还有，金老师喜欢烹饪，做得一手好饭菜，尤其讲究饮食的形式之美。诸如此类，使得朋友每回说到金老师，都要赞一句：“伊真的蛮灵的。”

一进金老师家，温暖扑面而来，面南的小客厅里，六座西餐桌，鲜花、桌布、水晶环扣装饰的餐巾、杯盘刀叉、开胃酒、前菜，一样不少准备就绪。

菜谱是中西混搭的，意式海鲜饭是用意大利干酪和希腊橄榄油进烤箱烤的，色味纯正；蟹粉豆腐用百分百的新出蟹黄，色亮味鲜，滀而不腻，丝毫没有一般酒家调入咸蛋黄的油嚆气；鸡火干丝比扬州饭店的还要嫩，还要细，是真正的草母鸡汤煨的；而自创的沙姜雀肫口感独特。装盘的容器，形状材质各不相同，时时让人觉出惊喜。六人份的精致午餐，从采购食料到加工完成，工作量不小，同时还要兼顾家里的老人和孩子，但在金老师那里，似乎这做菜、待客和照顾家人、教学生是同一件事，就这样一气呵成。

也许这是我一生中最有意思的午餐之一，因为是经一位会给小学生讲美学专题的老师的手烹制的。她讲“仰望天空”，展现想象力铸就诗意人生；“面向大海”描述春暖花开的灿烂心灵；“独立思考”的开场引导，用的是法布尔的毛虫试验——那些习惯跟在伙伴屁股后前行的毛毛虫们，一旦被放在圆形花盆沿上围成圈便失去了方向，它们只会一只跟一只一圈圈地走下去，直到饿晕，掉下花盆为止。想想吧，故事听到这里，孩子们会怎样笑翻了哇。美食，无论是物质的还是精神的，都是值得回味的。

一场坚实雄媚的寿宴

十多年前，有幸与书法教育家戴尧天先生共事。那时，老先生早已退休，给人的印象就是成天骑一辆“老坦克”脚踏车，穿梭于几所大专院校，满腔热情给学生讲授书法。戴先生80大寿的时候，几位同仁合计着为他老人家做寿。

戴先生祖上前清为官，家学渊源，生活讲究艺术。有一回品尝一块食堂产炸猪排，他老人家从刀工、裹芡、拍粉到火候，挑剔了许久，按照外酥里嫩，外香里鲜，外干里湿的标准，他管那块被锤拍得薄而硬、口感木渣渣的大排叫做“硬纸板”，打分“不及格”。听说要做寿，老先生非常高兴，但是坚持不让到外面酒家订座，而要亲自掌勺，让我们尝尝他的手艺。

恭敬不如从命。做寿的那天，定好是午宴，可过了上午10点，也没见戴老先生踪影。正在纳闷，是否寿宴取消了？这时，一个电话打来，请所有年轻人到门口“接驾”，原来，戴先生雇一辆出租，满载着加工好的半成品和成套的民初餐具，已经在楼下了。

帮戴先生摆菜盘是一件非常有趣的事。有一条硕大的干烧虾子河鲫，老先生要求千万别将鱼滑动了，否则菜盘连汤挂水，笋丁、火腿丁之类的辅料也要滚到一边去，特别难看；有烟熏蛋，当我按照老先生的要求，用丝线切蛋的时候，他让我先尝尝，看看这个蛋与别地方做的有何不同。其实，根本不用尝，一切开就知道，蛋有香气，是好茶好米熏的，更了不起的是溏黄（后来，自己动手做了一回，才发现那火候实在不好掌握）；油爆虾外脆里嫩，只只透明，按老先生要求，头朝里摆成太阳形；有一款清炒荷兰豆，“沸水里焯的时间稍稍长了，颜色闷。”老先生有点不好意思，那情形就像他写字的时候，偶尔写坏一笔，自己知道得清清楚楚，怕别人说，就先自己说出来。

正式开宴，老先生脱掉大衣，露出了平时很少见他上身的西装，还打了丝质领带，所有到场的同仁无一不欣喜，也无一不惭愧，因为没有人为了这一场在单位食堂举行的午宴而换上正装。这场宴会，很像戴老先生教的书法，敦厚颜体为本，辅以欧体的谨严和柳体的硬瘦，实实在在，一点也不花哨，然而笔笔见功夫。也像戴老先生抚琴，虽不见焚香盥手，却全神贯注，抚的是一把元代古琴。坚而实，雄而媚，艺如此，食亦可以如此。

小袋米时代

记忆中的贫穷都是被影像定格的：《为奴隶的母亲》中春宝娘做典妻约满回家，给儿子做饭的米是从一只小盒子里抓的。流浪的三毛骨瘦如柴没饭吃，喝糨糊充饥。米是生命线，足够的米是幸福生活的保障。像招贴画上描绘的肩扛车拉将几十公斤一袋的大米囤到家里，一气吃到底的幸福岁月过了许多年，我们居然到了买米如打酱油一般的时代。

去任何一家大型超市，大米品种多到令人眼花缭乱，中国的江南米、东北米，外国的日本米、韩国米、泰国米，有时还能看到菲律宾米、澳洲米、印度米和墨西哥米；包装规格各式各样，从500g到10kg装，甚至25kg装都有。规格大的单位价格相对便宜，包装规格越小，单价越贵。在这些大米前驻足看那些买米的人，套用一句大师的话，真是买大袋米的人都是相同的，买小袋米的人各有各的不同。

在超市挑选5kg装以上大袋米放在购物车里的，都是

40岁以上拖家带口的中年人或者跟着儿女逛超市的老年人。因为是日常必不可少的消费，所以买大袋米的人一般都很在乎米的性价比。秋后入冬，新米上市，口感好、不隔年的新米总是首选。若是著名产地的新米，价位在市场平均价附近则最受欢迎。而一些次新米（指那些隔年新脱碾的米）无论有怎样华丽的头衔，什么免淘洗呀、绿色无污染啦、有机种植啊，即使打折，都不及同类价新米受人青睐。开春入夏，在外观和口感上难以分辨新米和隔年新碾陈米了，这时候，超市用来促销的散装米会吸引不少买大袋米的人。理货员不停地将一袋袋原本堆桩的大袋装米拆包倒入米柜里，因为这些米的价格明显低于市价。

买小袋米的人要复杂些。从某种意义上说，买5kg以下装大米的人是未来社会的主流。这个群体庞大，大都30岁上下，外出就餐机会多、食谱多样化，父辈吃一周的大米，他们一个月恐怕也吃不完。所以现代厨房组合中的米柜也变得越来越小，而存米的空间不一定减少。他们的家里可能会同时存着不同品种的好几种大米，用来做不同口味的饭。就像调味用的酱油，从前一瓶红酱油包打天下，现在从蒸鱼到烧肉，从打卤到吊鲜，哪一样不是专门的？品种多了分量自然就不能太大，若是大分量装吃到几时才能吃完？但也有例外。有朋友曾经告诉我一场他家小区班车上发生的口角，甚为有趣。

一日，班车从一个购物中心回来，车上一怀孕大肚女坐一座儿占一座儿，见一保姆样妇女拎着很沉的袋袋上来没了座位也不相让。理由是她放在座上的是一小袋10元一斤的泰国香米，准备回家做咖喱饭调胃口，不能放在地上。中年妇女将袋袋放在地上，等车开了用半生的上海话对其他人说："阿拉东家是德国人，不大吃饭的，要吃只吃意大利米，十几元钱一袋，才一斤。他老婆是日本人，只吃日本米，现在有的辰光吃吃最最贵的东北大米，也是十几元钱一斤。有一趟我买错了，买了泰国米，伊拉不吃送给我，哦，叫我吃他们不吃的东西？我二话没有说，就倒掉了。第二天，还是跟女主人吃一样的饭。"

掰蟹脚的小丈夫

本想继续写写那些个性独特的饭店老板，但是突然发现了一个有趣的故事，不写下来怕以后要写的时候忘记了，就像做一道酝酿了很久的罗宋汤，到了做好盛盘端上桌，结果发现忘记放洋葱，白白浪费了好材料，不管是已经煮在锅里的还是忘记放进锅里的。

话说20年前有个男子，人称老宁波，盖其生在上海、长在上海，却只会随将他从小带大的祖母（宁波人叫阿娘）说一口宁波官话，听上去那口气比电影里所有的蒋介石都还要像蒋介石（电影里的蒋介石，除陈道明演的干脆讲普通话反倒不好挑剔，其他的从孙飞虎算起，说话都带绍兴口音，就像越剧《祥林嫂》里的贺老六）。这个被阿娘宠坏的宁波男人，虽然娶得一位很文艺的幼儿园老师，但是却不懂得怎么疼她。老宁波不会做饭，不会洗衣拖地。他让小老师每周一到五，晚饭全部在幼儿园解决，他自己则到80多岁的阿娘那里吃晚饭。然后，老宁波骑着自行车到幼儿园接小老师。

回家的路还是蛮浪漫滴，看星星，看月亮，看电影，看到肚皮咕咕叫，老宁波就去买点心。他总是先买了自己想吃的，再回头问妻子：侬弄点啥却（宁波话“吃”音）啦？开头一两年，小老师总是文静地回答：你吃吧，我不饿！后来怀了孩子，即使已经不看星星也不看月亮了，晚上回家，小老师也觉得饿。毕竟一个人的胃要存两个人的食，单位里的饭菜营养和能量都是不足的。

“我想吃核桃蛋挞！”小老师大叫。

“好噢！”老宁波跑进路边的西饼屋，一会儿真的捧着一个蛋挞回来了。

小老师三口两口就把蛋挞吃光了，随口说了句：“下回多买点儿。”老宁波眨巴一下眼睛盯着妻子的肚子说：“其（宁波话‘伊’音）要晓得，今朝蛋挞是其爷厄钞票买噢，明朝就要轮到姆嬷（‘母亲’意）钞票买点心拨其却勒！”

小老师盯着看老宁波足足有一分钟，一扭头跑回娘家了。他们婚前说好，结婚后AA制。当时老宁波倡议，小老师还觉得新鲜。但时间久了，小老师感觉自己从来不曾被人爱过，很是委屈。

过了两个星期，老宁波大概猜出妻子不快的原因，想做些补救。幼儿园的小朋友还剩十几二十个未被家长接走，老宁波破天荒在晚饭前来接妻子啦。当小老师挽着丈夫的胳膊一摇一摆像企鹅妈妈一样走出幼儿园大门的时候，老宁波讨好地说：“今朝阿拉回去一道却夜饭，我勒熟食店里买到面拖蟹。”小老师大有受宠若惊的样子，急不可待地从自行车斗里拿起一个油烘烘的大纸袋，打开一看：“咦，这面拖蟹怎么一个蟹脚都没有呀？”

“你知道他怎么回答？”当年的小老师如今早已人到中年，说起前夫依然忿忿，“伊讲‘我乘热先掰了几支蟹脚却勒！冷了味道要差‘交关’（‘很多’意）噢！’”

味觉舌头生存

三个幼儿敏感的舌头成为妈妈们的谈资。

一个刚出生的男孩，因为长湿疹，家人按老法喂他黄连汤。据说出生后的头三天，孩子是尝不出苦味的。不承想，舀黄连汤的小勺刚碰到他的嘴唇，他那小舌头就机敏地一舔，然后拼命摇头，将舌头顶在抿紧的唇外，不让黄连的苦水进到嘴里。

一个九个月大的女孩，平时由祖父母带着。有一天，小妈妈独自在家看孩子，突发奇想，照着育儿书上说的想给孩子来点美味辅助餐，就做了一个鲫鱼浓汤。喂孩子前，她打破自己定的规矩，将鱼在自己的嘴里过了一下，生怕鱼骨鲠着孩子。一口一口，孩子吃得非常开心。可是几口之后，孩子将食物含在嘴里，怎么也不下咽，小妈妈以为孩子饱了，便自顾收拾碗盏。完了回来看孩子，发现她的舌头伸出来了，上面顶着一枚鱼刺，小妈妈吓出一身冷汗。

还有一个一岁男孩，不喜欢吃蔬菜，家人千方百计将蔬菜伴在粥或肉糜里喂他。可他总能够在咀嚼时慢慢地用舌头将菜一点一点剔出。最绝的是，吃小馄饨，他居然也能将肉馅里的一星半点葱末剔出。为了表示对吃菜的不满，他会说的第一个词，是带着怨气的“菜菜”。

有关人的舌头，中国人较多侧重于其说话功能，“鼓舌如簧”，说一个人能说会道；电影里八路军“抓舌头”，就是抓一个能吐露情报的俘虏。很少看到有舌头参与味觉的描述。然而，食物的味觉特性，最先是通过舌头让人感知。酸甜苦辣咸涩软滑糯爽鲜，没有舌头，很难品出滋味。即使像酸和辣靠嗅觉也能够感觉到，但那是平面的，唯有舌头的参与，酸和辣才变得立体和全面。因为这个缘故，所以，美食口感中，舌感也需要讲究。再好的东西，舌头不喜欢，仍然吃不下。比如近来常听一些朋友说，不喜欢吃大闸蟹。原因是吃了一两只蟹后，舌头破碎了，再好的蟹也无法留恋。倘若舌感好呢，比如每场宴会后的甜点，哪怕食物本身极其稀松平常，蛋黄包、芋泥酥、糯米八宝饭、酒酿圆子，都是食物中的廉价之物，不过因其制作出的点心都具有甜糯酥润的舌感，所以深得人心。

想想看，在饱受八九道盐渍酱腌辣烧醋熏的折磨后，哪一条舌头能抵挡最后甜点的诱惑?

吃客小囡

他对吃这么着迷。

很久以前，他老爸小辰光在弄堂里一道开小小班的朋友，带上家小相聚一所度假村。夜里，男人们打牌，女人们K歌，年幼的儿女们在一位女同学带领下，到果岭找球、捉迷藏。当孩子们的口袋里塞满了脏乎乎的高尔夫球战利品后，开始觉得无聊了。他第一个嚷嚷要到超市去买东西吃。十年前的郊区想要找一家24小时超市，不是一件容易的事。无奈所有孩子附议，结果一位同学自告奋勇载他们外出寻找。过了三个多小时，孩子们才欢天喜地满载而归，据说，他们在几十公里外才找到一户农民开的小店。这样的收获，使得他成为孩子们的头儿，尽管年龄最小。

第二天早晨的自助餐，他指点其他孩子取舍食物，“吃这个，很香的。”他先尝了一块吐司，结果那一小格子吐司眨眼就没了影。“茶叶蛋别吃，很闷很没味，吃那个煎蛋饼，放点葱。”结果，呼啦一下，煎蛋饼前一溜小孩排起了队。

中午，到江边网鱼埠吃饭，鱼是刚从江里捕捞上来的，鸡是农民自家养的，毛豆是旁边田里摘的，饭是灶上柴火烧的。大人一桌吃得津津有味，小孩一桌起先一直空着，孩子们忙着看捕鱼、杀鸡、往灶膛里塞麦秸团。他第一个回到座上吃东西，尝了几口，赶紧招呼其他孩子：“大家快来吃呀，这里的鱼特别特别好吃，鸡也特别特别好吃，饭特别特别香。”算起来，那是他第一次吃野生的白水鱼、真正散养的草鸡，也是第一次吃上海郊区刚收上来的单季稻香大米饭。他得了个“吃客小囡”的名声。

一直担心他只会成为一个“吃客”，放学回家第一件事开冰箱找吃的，晚上做功课平均每半小时就开一次冰箱，似乎总要弄点东西出来吃吃才能将功课进行到底；考试粗心，扣分再多也满不在乎，却食不厌精，一道普通的白切肉，蘸椒盐还是酱油，加什么香辛料，生抽、鲜味汁、豉油要不要勾兑，却穷讲究。有一回，在他书包里翻出一张皱巴巴的纸，上面密密麻麻写了20多个愿望，据说是心理老师让在一分钟里写下的，有考上医学院当上医生到非洲行医这样的高尚理想，有到阿尔卑斯山天使谷滑雪、到阿拉斯加看海豹这样浪漫的理想……最后一个理想是要在所有儿童医院旁开一家连锁糖果店，里面汇聚世界上能找得到的糖果品种。为什么是糖果店？他说，糖吃到嘴里能感觉快乐。

看到电视里吴宇森一边投入地在给家人做菜，一边宣称烹饪是他导演之外的一大爱好，心里也许下一个愿望，但愿好吃的结果不是懒做，成了吃客的小囡依然能够像吴宇森那样出息。

新生“驴粉”

最近，有位“麦粉”（麦当劳的“粉丝”）突然一心一意充当起“驴粉”——“驴打滚”的粉丝来了，这很不容易。15年间，洋快餐在中国攻城略地，高调喊话，地盘越来越大，俘虏越来越多，从会走路的幼儿，到20郎当岁的青年，两代拥趸，济济一堂。有一则洋快餐的广告：东方既白时分，西装月亮站在中国的屋顶，于城市之巅表演爵士歌舞。这又何尝不是一个真实的意象？

“麦粉”变“驴粉”起于偶然，就像当年成为“鸡粉”一样。那时他还刚刚会走路，有一次被父母抱着途经一家洋快餐店，得到洋鸡店一个服务生派发的广告气球，当下成为年龄最小的“鸡粉”。自此以后，只要有机会进到这家快餐店，他就要吃上两个鸡翅、一份土豆泥，最差也要到店里的欢乐园滑一通滑梯，尽一尽“粉丝”的义务，直到有一天，得到一个麦当劳派发的斯努比，他才转为“麦粉”，因为斯努比是成系列的，必得经常去，才有可能一个不拉收集完整。收集斯努比的过程恰是“麦粉”从幼儿成长为少年的过程，他的个头和他的味蕾一起发达，“麦店品种多，味道更刺激，去麦店更多的是年轻人而不是小毛孩。”他就喜欢跟比自己年长的先锋的充满动感活力的人为伍，麦店让他有VIP的感觉。

今年，“麦粉”吃到一种好吃的点心，味道有点像清明时节的青团，就是颜色黄，名字很好玩——“驴打滚”。他煞是惊讶，到网上一查，原来“驴打滚”只是这种食物的诨号，因其最后一道工序，是要滚上一层炒熟的黄豆粉，看上去像驴在泥地打了滚，满身尘土似的，北京人称“豆面糕”，才更加符合其本性。上海老辈人叫它“金团”，图的是吉利。

“驴粉”就此诞生，他吃掉的“驴打滚”少说也有几十个，却依然兴味盎然。他发现上海马路上有人推着车卖硕大无比的“驴打滚”，而且还真有不少人对此垂以青眼；“驴打滚”在北京属于寒食十三样，像青团一样，是清明食物；而上海的金团在做法上更加考究些，有双酿的；苏州人叫“驴打滚”为黄团，样子就是上海的金团。

这情景正好比古董市场，一件假古董为卖个好价钱，能编出许多动人的故事，而真古董的故事如它自身，被滚滚红尘湮没，不知道在什么年月，会突然被人发现。“驴打滚”之类的传统食品就其淡定的姿态来说，接近真古董，只要东西在，不论过多久依然会有人知道它的价值。

妈妈喜欢吃什么

一天下午在超市购物，突然一阵喧闹，二三十个幼儿园的小朋友进来了。他们人手一只粉色的小购物袋，“头五头六”（“冒冒失失”意）地在货架上东抓抓西摸摸，不知道要哪样好。“介许多小囡，好白相（沪语“有意思”——笔者注）！”几乎所有的人，无论顾客还是超市的工作人员都围拢来，像观赏金鱼一样地观察小囡们的一举一动。物以稀为贵，上海第一代持独生子女证的人都已经当上下一代独生子女的父母了，出生率低，户籍人口负增长，所以丁克不稀奇，小孩子才是稀罕物。

“小朋友，你们在忙点啥？”

“给妈妈买礼物！”只要有人问，马上就有至少三个以上的孩子抢答。原来这天是三八妇女节，这所幼儿园的老师带孩子们到超市，教他们买礼物送给妈妈尽孝道。孩子们每人手头有20元钱，买什么可以自己决定。除了一个戴着小眼镜的男孩说要给妈妈买衣服（结果被一旁几个大人劝阻，告诉他20元钱是不够买衣服的，再说他也不知道妈妈穿衣的尺码），其余的孩子几乎全都跑到食品区那边去了。那要给妈妈买衣服的男孩最后也只好奔食品而去。看来“民以食为天”这个“天”字，还包含着天生本能的意思，连这些小不点都知道，最好的礼物应该是好吃的。

看小孩子挑选给妈妈的礼物是一件非常可乐的事。他们几乎都挑自己喜欢吃的东西，薯片、巧克力、棒棒糖以及许多电视广告中经常出现的品牌食品。“你的妈妈喜欢吃这个呀？”我问一个正趴在地上，从最低层的货架里扒拉一袋附送小玩具膨化食品的男孩。他拿到了那袋东西，一脸的满足感，说：“我吃的时候，妈妈有时候会吃一点点的。”这时，不远处传来一阵哄笑，有个小女孩挑了一袋猫粮。女孩子也不知道妈妈喜欢吃什么，但是她说她家咪咪喜欢吃这个牌子的猫粮，“猫粮很香的。”孩子天真，人畜不分。但是，却反映了一些属于中国妈妈的特色问题：一味地为孩子付出，很少告诉孩子自己的需要。这样单向施爱的结果，可能最终会伤到自己。

有朋友曾告诉我这样一件事。他的孩子放学路上买了许多锅贴，一边走一边就将锅贴消耗了一半。到家后，不顾父母在，又独自一人将剩下的锅贴全吃掉了。“当时那个气呀！”朋友说，“平时我们但凡好吃的都最先让着他，有时为了省钱，只给他一人吃。他倒好，吃东西的时候只当我们不存在。”这是谁的问题？朋友说他事后反思良久，觉得问题还是出在自己身上。孩子从来不被告知父母究竟需要什么，久而久之，心目中就只有自己。所以，他后来找孩子谈心，告诉孩子自己的需要，“父母不是不懂得吃，而是因为爱而将自己认为的好东西省下先尽着你，你应该理解父母的这种付出和牺牲。你觉得锅贴好吃、香，那么，我们也有至少跟你一样好的嗅觉。”结果朋友的孩子第二天放学就买了锅贴带回家，专门给父母品尝。正像古话说的：棍棒底下出孝子，筷子头上出逆子。前者指孩子需要严格教育，后者说的是一味地为孩子着想，孩子就失去了为别人着想的能力。

一只鸡腿引发的恐惧

动画片《麦兜响当当》正在做宣传，麦兜与麦太饭桌上让鸡腿的片花在电视里反复播放。“这个你吃吧。”麦兜将一只大鸡腿夹到妈妈碗里。“哎呀，你吃吧！”麦太将鸡腿夹还麦兜碗里。“我消化不良啊，还是你吃吧。”再夹过去。“我正在减肥呀。你吃！”再夹回来。“我胆固醇高啊！”又夹过去。“高你个头哇，小孩子哪有什么胆固醇。”又夹回来。

“我口里长疮啊！”

“我还长鸡眼呢！”

麦兜的配音非常好白相，他一开口，让人就想去抱一抱这个长着猪脸的胖小朋友。为此，我一天里差不多有十个小时开着电视，到厨房手里也捏着遥控板，轮番转台，为等麦兜与妈妈一起吃饭的场景出现。老公说，你之所以喜欢麦兜，大概因为麦兜的声音沙咯咯，有点像儿子小时候说话吧。仔细一想，是有点，不光声音，想象一下将这个白白胖胖的小朋友抱在手里的感觉，弹性十足的胖屁股墩儿，也应该很像儿子的幼儿阶段。但是，这种感觉突然间让我感到有点恐惧。

很多年前，《格调》一书就断定，鸡腿是穷人食品。在中国菜市场，它也是最便宜的肉类。麦兜和妈妈居然还要让来让去，可以想见，这对母子生活得有多艰难。他们草根到几乎没有什么愿望可以美好实现。麦太勤勉做生意，失败。麦兜用功练武，依然打不过人家。这样的人生，仅仅因为有着母子俩让来让去吃鸡腿，才被照亮了。作为观赏，那是温馨，但是如果真的出现在生活中，简直是太惨了。

悲剧里有一种逻辑，愈美丽愈悲哀。换到煽情的平凡故事里，就是愈温馨愈伤心。美丽的东西被打碎促成灵魂升华，与粗粝的现实还是有蛮远的距离的，而温馨的场面里带出伤心，往往要触心触肺的。

我的印象里，凡是“让吃”的温馨都与艰难困苦有关。曾经听一位朋友说，配给制时代，同样数量的肉票用来买大排，往往要比买其他等级的肉少，而她的双胞胎儿子尤喜大排。那时她怕孩子不够吃，总是自己不吃，称自己不喜欢吃肉。一次，她看到儿子扔在桌上的大排骨头肉没有啃干净，就拿起来将其重新啃了一遍。但此后，儿子们扔在桌上的肉骨头剩肉越来越多。当有一天她发现一块大排几乎只被咬了一口就扔在桌上的时候，终于忍不住了，一番苦水全部倒出：“你们以为我不想吃，啊？没有看见我和你们的爸爸平时都是吃你们剩下的，啊？你们倒好，好端端的大排剩那么多肉就扔了。当我们是狗，啊？养刁了，是伐？”她说，当时双胞胎谁都没有说话，只是眼泪扑簌簌掉下来。后来要求他们写检讨，保证以后再也不浪费了。结果小儿子检讨说，因为看到妈妈老是啃骨头，才让吃剩的大排骨头变得那么丰满。朋友每每说到这里，就会很辛酸地红眼圈。

将最平常的吃食让来让去，有多少无奈的真情假汝而行！我高兴儿子也会让吃的，但我真的不希望他成为麦兜。千万别！

素食天堂

夏季为一年中食物最丰富的时节。鱼不肥而腴，虾不满而丰，鸡鸭骨香肉滑，菜蔬姹紫嫣红，瓜果、根茎、绿叶、甘蓝、豆角、花椰、菌菇，应有尽有。面对造物主如此厚爱，炎炎夏日所造成的食欲不振，非但不能成为节食的理由，反而激发起对美食的追求。

有友立志瘦身，夏至一过，宣告茹素。

素食者为自己的一天命名为简单奢华。简单指的是要省事儿，尤其白天，只自己一人在家，大好的时间要用来健身、读书、看碟、发呆，或与朋友去喝下午茶。所以不能够将素食弄得像功德林餐馆那样复杂。奢华指的是精致，菜不在多，但每一样都要讲究色香味。蔬菜的颜色丰富，所以吃素的人看到的菜色应该五彩缤纷。

早晨，一杯黑咖啡加果酱面包和酸奶。

中午的主食往往是粥，有时是绿豆粥，有时是白米粥或麦片粥，八宝粥虽好，但因为是甜的，不在选择范围。

下粥的菜肴可就五花八门了，有清淡的凉拌绿豆粉条，百叶拌豆芽，白灼青菜，蔬菜水果色拉；有口味浓郁的炖臭豆腐，川湘萝卜，酸豆角；有上海风味的清炖手撕茄、冰镇糖番茄，酱麻油白煮鸡蛋或茶叶蛋，笋脯青豆，香芹拌崇明金瓜丝；也有宁绍风味的茴香盐煮花生、雪菜扁尖笋、红油海菜，偶尔还来一个杭州萧山萝卜干炒毛豆，或者干脆糟卤毛豆。这些即时制作的冷菜加上从超市购得的对味现成酱菜，如橄榄菜，香菜心，腐乳，各种排列组合，吃上一两个星期菜单都不会重复。

晚上的炒时蔬是一天的高潮。平时荤素通吃的时候，只要一荤一素一汤即可，但到了食素时节，得再加上一两样素菜才行。而且，家人晚上有喝一小杯的习惯，素菜还必须做得看上去像华丽的荤菜，才比较能够助兴。

无论是青菜、生菜、鸡毛菜、油麦菜，叶菜无疑是真正的蔬菜。根菜可以做得像荤菜，比如咖喱土豆、红烧萝卜、油焖茭白、糖醋藕片，这些令人联想到牛肉、鸡肉、猪肉和鱼。有些菜不同的做法，给人的感觉会不一样。小葱拌豆腐就是一道素菜，但是麻婆豆腐、鱼香豆腐就像荤菜。再如，做一个素三丁，将豆干、灯笼椒、茭白都切成丁，根据每一样东西不同的火候分别下锅翻炒，最后合炒勾芡起锅，如果芡汁为白色透明，这道菜就是一道素菜，但要是芡汁中加了酱料，成透明的酱色，看上去就更接近荤菜。

菌菇白灼了吃，是素菜，用一点蚝油过过油，就完全像荤菜。

一月下来，不仅素食主义者没有感到丝毫的素食审美疲劳，连被素食者称为食肉动物的家人，居然也在这清香的素食中感受到了一份乐趣。

很喜欢泰戈尔的一句诗，“生如夏花之绚烂”，食又何尝不是如此。

女版斗茶图

很喜欢赵孟頫的《斗茶图》：四个五大三粗的卖茶汉子，将茶挑子撂在一边，挽起袖子，置好茶炉，提着大铜壶、端着大海茶盏，野气十足地站在树阴下比谁的茶好。看着其中一位昂首得意的表情，就好像闻到了他壶里的茶香。隔了近千年，现代斗茶图成了都市女版的。

一家shopping mall服装部，每个品牌有一位女性销售员。她们各为其主，就像球场上不同球队的运动员，走过路过的客人是她们要争抢的球。中午吃饭时间，彼此招呼一声，心照不宣地轮流外出用餐。回到店里，每人拿出自带的茶，喝上一口。茶都装在材质、形状不同的透明容器里，有大号装咖啡的玻璃瓶，有塑料乐扣杯。如果有什么话题可以在这有竞争的空间没有负担地说说，那么这杯茶就是。

“你杯子里是菊花吧，很好看！”

“还有枸杞。天太热，消消火。你杯子里的颜色蛮特别的。”

“薰衣草。晚上睡不好，助眠的。”

“隔壁柜台的，这么大的咖啡瓶装满了什么东西？”

隔壁柜台的正在整理货架，听到后站起来，捧起放在柜台一角的茶，得意地说：“这是我听了老中医的话到店里一样样自己配的。山楂、桑叶、菊花、荷叶，再放一点点绿茶，每天喝，能够减肥、降血压、消色斑的。”

一听说减肥美容，隔着两条走道，有人答腔，“报一报配方让我记一记，我比你胖多了。”

“记下不一定有用，关键是要吃得惯。”

正午，室外气温超过38摄氏度，偌大商场一眼看过去几乎没有一个顾客。远处的一位拿一只空的酱菜瓶子过来，倒一点减肥的茶，“哟，酸叽叽，苦嗒嗒，还有一股草席的味道，难吃死了。”

“要是我拿昨天吃的金银花、苦瓜、莲心泡的茶来，你要苦出眼泪来。”这一位对于花草茶品位毫不掩饰的优越感让另一位感到沮丧。她默默回到自己的岗位，突然很不甘心地冒出一句：“对面甜品吧里卖玫瑰花茶，闻上去香得不得了。对身体再有啥好处，一天到晚吃老难吃的茶，也没啥意思。”

“我倒是想坐到对面去吃茶，里厢的雪莲花茶据说真的是从西藏雪山上采来的。可惜我没有这个命。对面泡一壶莲心、苦瓜茶，加点冰糖、枸杞和一粒红枣，我自己在超市花草茶柜配一下，可以吃一个夏天。”

真的，对面吧里每个人的面前都有一只小的玻璃茶壶，扁壶里是原形花草，加不锈钢过滤器的瘦长壶里是什锦花果茶，有的点着保温烛，有的冒着冰镇的水汽。每一份茶的价格是销售服装的女人至少一天的工资。

花草茶泡在不同的茶具里，显现的美感确实不同，但喝到女人的嘴里，花的心是一样的。

甜

除了酒，还有什么食物在这个时代被赋予最多想象？我说是甜品。这个念头起于对1家甜品吧的阅读。

店的门窗框都漆成绯红，门口有一琴谱架，摊开的琴谱就是菜单，花体字也是绯红，十分诱人：“月色玫瑰”、“罗马假日”、“血色浪漫”、“白雪之恋”，每一个都被拍了特写，透明或半透明的容器，液体或半固体，鲜艳浓郁的色彩，好像伏着一部言情大片，令人想起英雄救美或才子佳人。这样的绯红牵着人的视线伸往紧闭的窗户里，这一瞧心也就更痒痒了，幽暗的店堂里环列着书架，一本本精装书有的还透着羊皮的质感，看上去书的内容都跟美食相关，书脊上有葡萄酒、咖啡或茶的外文字样。要不是发现有两面墙的书摆放秩序完全一样，终于打量出那是墙纸伪造的书房，差点就一步跨进去了。再看那菜单，原来没有发现的躲在每页右下角的价码变得十分刺眼，“月色玫瑰”就是玫瑰冰激凌球，25元一个；“罗马假日”就是冰激凌咖啡，30元一杯；草莓加冰激凌加布丁名之“血色浪漫”，35元一份；“白雪之恋”就是浇了三四味每味仅一小勺果汁的堆成小山样一碟的冰霜，一碟32元。至于那些小时候妈妈经常做的银耳羹、绿豆沙或者杏仁豆腐、马蹄爽，因为是实打实的材料加人工，所以比那些加了冰激凌的更贵。在从贱到贵排列的价目表上位置也比较靠后，唯一感到踏实的是这些甜品可能名称翻译比较麻烦，用的都是大众化实名，没有作太多的艺术加工，一目了然。

尽管珠算是小时候较差的功课，可此时心里有个算盘还是情不自禁地啪啪响了。所有这些食物，换作自制，或者大部分自制，少量配饰外购，价格应该只有这里的1/3不到，且装盘可以更漂亮、食物可以更新鲜，味道可以更纯正。

回家后，第一件事就是做冰镇银耳莲心羹，银耳和莲心煮到糯而不烂，放几颗去核金丝小枣，加冰糖煨到枣皮胀而不破，冷却冰镇后，用透明玻璃碗盛，糯而完整的银耳、莲子和红枣悬浮在稠而透的汤色里，像琥珀，碗边还微微有冰的水汽。再做百合绿豆沙，要领是豆壳要撇干净，稀稠要适当，沙不能起腻，百合要糯但不散形。用青花碗来盛更添色，很古典。还打算做杏仁豆腐，与糖水樱桃或南瓜配，那一定是唇红齿白般美艳。这么想着，就记起了张爱玲的句子：“甜而稳妥，像记得分明的快乐，甜而惆怅，像忘却了的忧愁。”这句对爱情的阐释刚刚也吻合了甜品，只不过要通俗一下，素朴的甜才是稳妥，像内在修为。昂贵的甜是惆怅，就像外在设计，浪漫也是一时。

愈辣愈红火

有一类女子吃之豪放，巾帼不让须眉。曾有川籍和湘籍的女同事各一，都长得眉清目秀水亮光滑。刚认识她们时，以为这样时尚漂亮的女子，可能为了美放弃地域性饮食习惯，在嗜辣这方面有所收敛。但是跟她们在一起久了，才知道什么是真正的湘妹子和川妹子。她们真的到了无辣不欢的地步。每天她们踩着铃声上班，用她们的话说，要将有限的时间用在无限的睡觉和打扮上，所以经常连早饭都来不及吃，让打扫卫生的阿姨帮忙到外面的小摊上买蛋饼，“别忘了要涂辣酱的哦！”有时阿姨会带回来豆花，川妹子就拿出常备在办公室的虾子酱油和麻辣豆豉，将两者混合，用来浇豆花。湘妹子一般不吃食堂午饭，而是叫外卖，从小打小闹的麻辣米粉、豉香辣子鸡木桶饭，一直叫到有大餐风格的椒香烤鱼、酸汤鱼。她在办公室备的家底是一瓶剁椒。

渐渐的，办公室吃蛋饼的人多起来了，中午叫外卖的也多起来了，川妹子和湘妹子不知不觉就成了大司务。早晨，川妹子统计要蛋饼的人数。中午，湘妹子归总各色套餐的份子钱。她俩探亲总要带回妈妈做的泡菜，跟外面买的不一样，吃口清鲜，成为大家争抢的开胃菜。有人讨她们家的泡菜老卤，准备在家里也置个泡菜坛子。

夏季一到，这两人合谋搞一张沪上麻辣美食地图，成天打听哪家川味正宗，哪家黔湘酸辣到位，哪家的小龙虾辣得透，肉质Q有嚼劲儿，哪家的香辣蟹量足新鲜，啤酒可以畅饮，并发布在单位内部的BBS上，征集敢吃队，响应者众。几个周末下来，到过装潢考究有几十个包房的大馆子，也去过几乎等同于街边小吃的一个门脸儿的小店，吃过十几个人合一口的大涮锅，也吃过人各一口的精致小涮锅，每一次都吃得人人大汗淋漓，辣得平时仅以茶水代酒的雅女子喝起冰啤酒也是一口去掉大半杯。

按老理儿，夏季该是讲究祛热清火的，但是这种愈热愈辣的吃法倒也没见什么人因此而脸上多出什么疙瘩，反倒一个个精神头十足，平时抓紧干活，但等着周五提前下班大家伙儿好劈硬柴吃辣去。有人从中医辨证治疗中寻找理论依据，认为辣椒营养丰富，能促进新陈代谢，辣出一身汗，就是最好的祛湿排毒了。

难道川湘多美人都是辣出来的不成？如是这样，辣椒该是夏日里最美的花。

米饭

最近，听从中医指导，我改变了以前多吃菜、少吃饭甚至有时不吃饭的习惯，膳食以主食为基础，然后是蔬菜、豆制品、水果、鱼类、禽类这样金字塔型往上收缩，最后塔尖上占分量最少的那部分才是红肉。渐渐地发现，似乎没有什么突出味道的米饭，其实蕴含着极其丰富的口感。

就说大米。上海郊区以及江苏常熟一带产出的大米因为水质好，口感糯软香甜，用来煮饭，米粒晶莹饱满，配江南口味清淡的家常菜，饭香渗透菜香，几近奢侈，而用来熬粥，则粥汤稠亮，米粒清晰圆润，天冷或者肚子饿的时候，这样香气四溢的粥不用什么菜来佐，空口喝，也是一种美味。

苏北的大米则略带刚性，米的颗粒略小，视觉和口感上没有江南米的莹润，但将其烧成干湿软硬度恰到好处的米饭，再用来做扬州炒饭却正合适，炒出的饭既不软塌也不粘滞，一颗颗米粒裹着金黄的蛋液，吃到嘴里，有着非常好的质感。

有一些东南亚进口的香米，形状细长，香气足而糯性差，做西式的炒饭，比如咖喱饭、泰式酸辣饭，口感特别爽利，随便什么食材去配它，都能够保持自己的独立口感，所以有时，这样的炒饭可以在席间当菜来吃。但是，这样的米决不能熬粥，熬出的粥总感觉米下少了，没有稠性，吃到嘴里，米粒像爆米花，空洞的感觉直延伸到胃。有一次，我在超市买了用这种米做的甜酒酿，那酒酿跟用大米和糯米做的不能比，味淡得简直就像在戗了水的老白酒里加了一勺籼米泡饭。

若以南方人的口味，一般总是推江南的大米为第一，但是，吃过东北大荒地的大米，就会觉得再作这样的定论是有困难的。东北的米既有江南米的晶莹香糯，又有北方米的爽口。需要偏重哪里的口味，巧槛全在煮饭的时间和水量的把握。水多火温则糯，水少火急则硬韧。我用电饭煲煮大荒地米饭，水比一般米略多，煮前往锅里滴几滴橄榄油，快煮档，但加时保温。煮毕，满屋米香，待盛出，只佐一枚撒轻盐的无油煎溏黄草鸡蛋，一小筷扬州咸秧草，任何山珍海味，此时都比不过这一碗米饭的清俊通脱。

说来也怪，以前有人告诉过我一个减肥不减口福的瘦身法，就是光吃肉和蔬菜，不吃主食。我原本主食进得少便没有在意这个瘦身法，但是几年来血脂和胆固醇指标有所上升却是真的。做了一段时间“饭桶”后，体重也未见增加，精神与体力却自觉大有好转，胆固醇明显下降。

想想中国人，尤其是南方的中国人，米是从小吃到大的活命的根本，无论环境有什么改变，面前有多少美食诱惑，都改变不了吃米饭的本性。所以，舍弃米饭，是不是有点舍去天命呀？

抢在蝴蝶飞前

朋友相约去他老家常熟踏青，把我们领到他的一户亲戚家。这亲戚做红木生意，建有一处带亭台楼阁小桥流水花房厅廊的院落，见有自家人带朋友来，赶紧叫厨房加菜留午饭。

菜式很农家，看上去就很粗犷。菜品却不俗，事后总结，还颇具绿色概念。

最先上的菜是一大盘盐水猪头肉，油光晶亮，随盘子落桌，一颤一颤的，迎着大门的光看过去，最上面一片顺风（猪耳朵）还竖着一撮白色的猪毛。朋友高兴得什么似的，赶紧上筷搛肉吃，边吃还边叹：这样好吃的肉是吃一回少一回了。我对猪头肉实在不感兴趣，更不要说这带毛的颤巍巍、貌似油腻到家的肉了，见到后，连后面的菜也都不想吃了。他们看我不吃，便竭力劝说："你别看这肉卖相难看，绝对不油。不信你尝尝。""可是，那猪肉还带毛呀！"我怕却之不恭，终于将心中的障碍说出来。

"咳，这毛算什么？"主人一边笑着顺手拔去一块顺风上的一小撮毛将其放到我的碗里，一边说："带毛的才是环保猪肉，说明我们是用最原始方式给猪煺毛的，而不是用那些什么松香、柏油等下三滥的有毒方式煺的猪毛。"

盛情难却，我只好将那块猪耳朵肉吃了，果如主人说的，算不得油腻，且非常香。

主人是当地农民，有自己的宅基地、自留地和口粮田。自打做了生意，另租镇上的地造厂房，建了这像园林一样的产品展示厅，一家吃住就在后院。原来的农田雇人耕种绿色作物，比如有机蔬菜和稻米。而宅基地呢，就用来养猪，不多，也就十几头。这些猪平时只用麦麸、南瓜、菜和草秧子喂，不用生长素，更不喂瘦肉精。猪出圈的时间比一般的猪要晚差不多三四个月，但是有机喂养，猪肉的味道就特别好。因为数量有限，这些猪肉仅供家人和亲戚朋友享用。席间其他菜，像草鸡蛋做的蛋饺、走油肉、油豆腐塞肉、草鸡和水面筋塞鱼米混猪肉，所用猪肉也都是这自家养的环保猪。这些菜不用味精，用汤放盐白煮，有一种本真的鲜美。

最后上的一盘菜是炒包菜，主人又热情地让我们赶紧尝尝。我的朋友怪亲戚自以为是，说："就算有机蔬菜贵一点，我们平日在超市也还能买得起，哪里需要这么稀奇样！"他的亲戚赶紧解释："这不是稀奇，而是你离家太久，不懂农时。今年天冷，虫子出得晚，地里的菜都还不用上驱虫药。再过个八九天，虫子就出来了，一般的蔬菜都得打驱虫药。尤其这包菜，虫子特别爱吃，哪一天看到包菜地头蝴蝶飞，不消两天，这一地包菜就废了。以前有大学生在报纸上埋怨，现在看不到乡间田头蝴蝶飞，以为是空气污染。其实，这是因为用了农药，蛾子被杀灭了，虫子也就生不出来了。所以，想吃不上农药的菜，现在就抓紧。”

看到这离开农田的商人如数家珍般数落着心里坚守的传统庄稼人情结，我醒悟到，还真该抓紧时间多吃一些这样的农家菜，因为这真正的农家菜离我们是越来越远了。

清明前最后的美味

清明前一日，父母来访。拿什么款待老人家好呢？拎着环保买菜袋子出门的时候还是非常迷惘。父母年岁已高，饮食起居一向小心，不喜欢上饭店，也不吃熟食店里的冷菜，认为那些被过度加工加调料的菜，盐分、糖分和油脂都太高。好在路上瞥见一个电视屏幕里正在讲明前茶的种种好处，心里有了一个主题，就做传说中只在明前才有至尊美味而过了清明味道会大大逊色的菜。

俗话说“清明菜，两头鲜”。清明是冬日的销声匿迹、春天的行将老去、夏季的迫不及待的胎动。冬夏上市的菜前者因其稀少、后者因其幼嫩都显得金贵，反倒蓬勃繁盛的当令时蔬身价最最平民。但冬菜就省了罢，无论怎么说，反季食物不符合生命顺应自然的规律。其他的无论春菜还是夏菜，只要过了清明口感就会逊色的菜都在考虑范围之内。

鲜笋尖毛豆炒青腌菜——两周前买两支笋的价格如

今可以买上一堆，当场让卖菜的剥去笋衣，去掉大部分根节，只留下嫩嫩的笋尖；毛豆是刚刚上市的，豆角外面连茸毛都没有长，剥豆的时候不时有水分溅到脸上；咸菜是用长出两三寸的雪里蕻暴腌的，色泽青翠。炒时只将笋和毛豆先入油锅，待到豆皮开始爆裂脱落，笋香扑鼻，加一点点水煮两三分钟，然后放入切碎的青腌菜和几滴生抽猛火翻炒，收干水分。

拌黄瓜——用本地嫩黄瓜，这黄瓜与客地黄瓜最大的不同就是青皮绿肉味甜。凉拌时只须一点点蒜茸和白醋，用少许热油浇了。

清炒蓬蒿菜苋——青菜苋已是明日黄花，但蓬蒿菜苋则正当时令。太嫩则水，清明以后则刚。这时的蓬蒿菜苋梗肥而脆嫩，入热油锅猛火翻两三下，在菜色看上去尚未断生时即下轻盐和少许蒜茸起锅。

鳝丝炒豆芽——这不算新鲜，但是香料不用葱而用嫩韭，并且在量上鳝丝六份、豆芽和嫩韭各两份。

蚌肉豆腐煲——怕不消化可以不吃蚌，但蚌肉在油锅内煸炒后放入水煲出的豆腐，汤色雪白，最后撒入春大蒜来增香、增色、驱寒。

龙井河虾仁——看上去很寻常，但是再早些时候，河虾太嫩无法剥壳，再过一月呢，河虾又大了。这刚刚有肉感的河虾用明前的龙井炒，当然只是取一点点茶水勾芡、几片茶叶提香，出锅后，盘面上有一点点莹莹的绿意。

番茄炒蛋——这应该是一年四季都可以享用的常菜。但是，用受过春天阳光照射后呈洋红色的番茄和散养草鸡蛋来做这个菜，味道是和冬天用捂红的番茄炒的鸡蛋不一样。

炒螺蛳——一个个很大的青壳螺肥而无小螺，关键是在葱、姜、八角和小干红椒入油锅爆香后下锅，煸炒后不加水，加米酒和少许生抽用快火焖。起锅时看上去无汤，但吮吸螺时却感觉汤汁饱满。

晚饭时父母大悦，称已经好多年没有吃到这么好吃的原汁原味的菜了。但是，这些菜按照请客吃饭的标准，花费实在不多，材料也就是农家菜而已。

清明时节的河蚌

四时节气对凡庸人生来说，更多的表现是对美食的思念。出了清明，我便又开始遗憾，今年没能吃上一回腌肉鲜蚌炖豆腐。

小时候有一天，下乡劳动的母亲带回来一饭盒粘粘糊糊的东西，说是卸了壳的河蚌，即鹬蚌相争的那个蚌。当时我觉得怪恶心的，想象鹬蚌掐架你死我活，蚌被打得落花流水，最后剩下那一滩血肉模糊的尸体。母亲用这蚌的尸体和咸肉片一起熬了豆腐汤，汤汁浓白，味道鲜美。母亲说，她劳动的地方，农民下河摸了许多河蚌，他们不仅自家吃，还弄干净后送给所有去劳动的人，让大家带回家做汤给孩子喝，“春天喝碗河蚌汤，不生痱子不长疮”。从此便对河蚌刮目相看。但因为河蚌清洗比较复杂，所以后来家里没有再吃过。

长大后有一次去菜市，看到有小贩在路边卖河蚌，勾起对河蚌汤的记忆，便买了一些。回家遇到邻居大嫂，她得知我买了河蚌，惊恐地大声叫我扔掉，“蚌里有细菌和蚂蟥，吃了要生病的。”我不知怎么办好，只好查书。

原来河蚌就是能够产珍珠的蚌。中医讲，蚌肉具有清热滋阴、养肝凉血、熄风解酒、明目定狂的功能。清明之前，气温低，水中的微生物繁殖慢，细菌和蚂蟥等寄生虫不容易滋生，河蚌少污染，肉质鲜嫩可口。算算时节，正好在清明前，当下兴奋，动手做了一款河蚌汤：摘去灰黄色的鳃和背后的黑色泥肠；加盐抓几下去除黏液冲洗干净；将蚌的斧足部分用刀背拍松，以易于咬嚼；切块，加料酒和蛋清以及少许生粉裹芡；将姜、葱和腌肉入油锅煸炒，待香气四溢后入蚌肉翻炒稍许，加高汤和手工豆腐，煨到汤色雪白、豆腐起孔，撒胡椒粉和大蒜叶细末（切碎的韭菜叶也可）。这样的河蚌豆腐汤比起一般的鱼汤更加秾滑鲜香。也可以做成咖喱、麻辣、酸辣等口味的，不过若论最能够体现河蚌原味、也最符合河蚌药用性能的，还是上述做法。

令人遗憾的是，作为能孕育高贵美丽珍珠的母体，河蚌肉非但不“母以子贵”，反而身价很低。且不说一些大牌酒家不见河蚌菜谱，由于价格低廉，现在连菜市场也难觅其踪影。网上倒有许多采购河蚌肉的信息，不过说明中清楚地写着，河蚌肉是蛋白质丰富、价廉物美的原料，可以用来喂黄鳝、乌龟、甲鱼等。在饰品界，蚌壳被叫做珍珠母贝，在喜食蚌肉的人这里，珍珠是否也可以叫做蚌肉的墓碑。

春韭之美

因为过敏，平素很少食韭菜，但是这不妨碍我喜欢韭菜。近日脑子里频繁出现这样的句子："夜雨剪春韭，新炊间黄粱。"杜甫的诗就是好，朴实得像风和空气，时节到了，那个味儿就自然冒出来了。正是二月早春，少有的一连下20多天的春雨。这是一年中最好的食韭菜的季节。俗谚云："正月葱，二月韭。"意思是旧历正月天寒地冻，吃大葱可以祛寒防感冒；二月惊蛰，物气回阳，百虫出洞，韭菜"叶热根温，功用相同，生则辛而散血，熟则甘而补中。"是温阳之物，此时，吃一些韭菜，可以起到养阳护肝祛毒的功效。有些人称韭菜为"起阳草"、"长生韭"，就是这个道理。

古时候的人将韭菜看作是像肉一样高贵的荤菜。比如《诗经·七月》里就有："四之日其蚤，献羔祭韭。"说韭菜可以跟小羊一起用来祭神，可见韭菜是美味的。韭菜的美味主要在于它的香气。同样是辛香，与蒜的浓烈、葱的温朴比，韭菜香得凌厉。这么说吧，在地铁车厢里，有人吃煎饼果子。若这煎饼是葱油的，坐在吃煎饼人边上的人就会缩缩鼻子，心想：“老香的！”若这煎饼是涂了蒜泥面酱的，那么隔半节车厢也能闻得到。但倘若有人提着一个盛着刚出炉的韭菜煎饼果子的袋袋上车，那么还未等他开袋，整节车厢的人都能闻到那袋袋里的气息。一些男女恋人甚至会低声考证：“啥味道？”“是大蒜？不是，或者是葱油饼？”“好像是韭菜。”

但凡凌厉者都有一些个性，韭菜也是如此。它香得突出，也香得有点复杂。比如，春天割的嫩韭，其气馥郁而清新，吃到肚里，气味发散、消解得也快，“二月韭”也含着二月里的韭菜味道好的意思。如果到了夏天，韭菜的味道就不那么好了，北方民间就有“六月臭韭菜”一说。想来，大概是韭菜老了，其本身的气息深入骨髓，要改也改不掉了，就像一个人的臭脾气，到了老来，越发无所顾忌，也就不那么讨人喜欢。唯以毒攻毒者才会对韭菜另眼相待。上小学时，有一同学将一枚一分硬币吞进肚里，老师拿来一把韭菜，烫一烫要他嚼碎吞下，说这样可以帮助将硬币排泄掉。还有一位我要好的幼时伙伴，我常去她家等她一起上学。她外婆隔三差五用韭菜炒鸡蛋给她吃，说这样可以将肚子里的虫打掉。我一方面羡慕她能够常吃到香喷喷的韭菜炒蛋，一方面有点担心，自己不吃韭菜，会不会肚子里都是虫吧。

韭菜个性的另一种表现就是它的外表。韭菜实在不像菜而更像花，还不像一般的花而是花中君子的兰花。就这一点，韭菜被诸多文人爱上也在情理之中了。黄庭坚写过“韭菜照春盘，菰白媚秋菜”的句子，说自己一边吃着盘里的春韭，一边看着外边欣欣向荣的菜园子。这跟陶渊明的“采菊东篱下，悠然见南山”，在审美上是一致的。不过得强调，这韭菜依然是“照春盘”的春韭，“六月韭”就不要瞎轧闹猛了。

贵贱濑尿虾

朋友兴冲冲送来十多只活的濑尿虾，临走特地关照，虾是活的，赶紧收拾了吃新鲜的。现在是吃濑尿虾最好的时候。

我对濑尿虾一向没有什么好印象。最初是在香港电影里听到这种名称猥琐的生物，它都是伴随街边摊儿和躲避警察驱逐的夜间大排档一起出现，让人觉得不是什么上得了台面的东西。某个夏天，在广州的酒店里第一次吃到濑尿虾，记得虾是掐了头剪去边角的刺，放在竹编蒸笼里蒸熟后，上面撒一层蒜茸，用热油浇得吱吱响着上桌的，因为被修理过，看上去形象与一般的虾无异，只是肉质松软，没有虾肉的弹性。主人介绍说，这种虾贱，样子和味道都不怎么好，以前渔民在海滩上捉到了自己都不吃。不过要是加工得当，用调料来提味，还是有吃头的。因为价廉，广东这边的人都喜欢拿它来佐早茶、夜宵。濑尿虾之所以叫这个名称，据说是被抓时它的腹部会射出一股液体，像撒尿。广东人好口彩，嫌赖尿不好听，另起了个好听的名字，叫富贵虾。当时在座的人都笑了，觉得这虾有点像发菜之类的玩意儿，原本是普普通通的东西，因为讨口彩，就成了餐桌上应酬的尤物。

我仔细端详眼前这活生生的濑尿虾，发现它跟一般的虾在外形上有很大的区别。它的头部与腹部的前四节愈合，腹部七节，较头胸大而宽，身形扁，有的人叫它琵琶虾，是取其形。头部前端有大形的具柄复眼和触角。第一对内肢顶端分为三个鞭状肢，第二对的外肢为鳞片状。胸部有五对附肢，其末端有锐钩，此时都钩缠着捕网的尼龙细丝，很难扯掉，只得连肢一起剪去。胸部的附属肢有鳃，尾节成尾扇。我感觉这种虾看上去更像是螳螂。查了资料，方知它属于节肢动物门甲壳纲口足目虾蛄科。别名“虾蛄”、“螳螂虾”、“爬虾”、“口虾蛄”等，以前野生的数量较少，所以很少有人吃到，现在已经有了人工养殖，每年的十月底到第二年的四月初是汛期，大量上市。

第一次在家里吃这种刚刚起网的鲜货，自然应该尝尝它的本味。所以我只用了清蒸，然后蘸姜、醋。蒸熟的虾颜色比一般的虾要清淡，只在节和边甲处呈较深的红色，其他地方只是淡红甚至接近白色，有水粉勾边的效果。

吃的时候，发现雌濑尿虾在腹部近头的位置，有三条乳白色的横线，膏是从头部一直连到尾部，而雄的则没有。味道有点清甜，接近北极甜虾。考虑到它有扎手的甲壳以及较松软的肉质，我想可能椒盐油炸会比较上口，炸透了，连壳可以一起吃下去。一直闷声不响、埋头吃虾的儿子在吃完了四只虾的时候突然开腔：我知道好莱坞的外星人是怎么设计出来的了，一定是设计人员吃过这种又像螳螂、又像水生物一样的怪东西。

吃桂花

吃过很多冠以桂花之名的食品：桂花梨膏糖、桂花藕粉、桂花赤豆汤、桂花酒酿圆子。有点纳闷的是，小时候从来没觉得这些食物跟花有任何联系，星星点点散落在食品上面的黄色桂花，根本不具有花的形状。

有一次，上学途中看见糕团店里放着已经风干皲裂的糖年糕，上有几点发黑的桂花，就对同伴说：那上面是死蚊子。至于桂花淡淡的香气，以孩子的嗅觉经验，根本算不得香，哪比得上芝麻、花生在食品中的香呀，连茶里飘着的茉莉花瓣的香都不如。只有一个印象，凡是跟桂花沾边的食物，都比较甜。所以曾经还以为，桂花就是甜的。直到长大去桂林公园赏桂花，真正闻到了上百棵桂花树一起开花的馥郁气息，才终于对桂花有了兴趣。

桂花，木犀科的木犀花，花朵细小，不像牡丹、菊花乃至海棠和梅花那样适合观赏，然而因为香味强烈，可以用来做香料供食用，又加上多果实，枝叶可入药，“桂”

合“贵”，被看作吉祥之物。以往富贵人家，屋前房后栽桂花树，寓意多生“贵”子，富贵兴旺。小户人家，即使一亩三分地都挣不上，也要在名字里用个“桂”字，女孩叫桂花，男孩叫桂祥。《红楼梦》里“呆霸王”薛蟠就娶了叫夏金桂的泼辣媳妇，害死了香菱。

由于桂花宜食且称意，无论南北皆普遍种植。湖北咸宁是桂花产量最大的种植地，年产上亿吨桂花；广西桂林是以桂花树命名的著名旅游地。江南苏州，一曲《茉莉花》成为它的音乐意象，可是，谁也想不到，苏州市民推选出的市花居然是桂花。不过，若论桂花食品，江南的数十样桂花甜食倒都可以算甜蜜的苏州口味，唯桂花藕粉为西湖专利。

同样的桂花，寓意相同，南北方的口味却大不同。南方喜糖桂花，加入甜食，甜上加甜，甜得深，甜得细腻，能分出蜜甜、清甜和香甜；北方善盐桂花，虽然还是入甜食，但甜得奇崛，甜出境界，真所谓“若要甜，加点盐”，矛盾统一，大开大合。同样入酒，桂花酒可就东西南北各不同了。苏州酿桂花黄酒，湖北做桂花米酒，桂林和北京则用葡萄做桂花酒基，据说西北地区还有白酒做的桂花酒。伐桂的吴刚若真能捧出桂花酒，真不知道会是哪一种。

江南九月，一股冷气流经过，碰落了一地迟桂花。花瓣回到泥土，花的香气转变成精灵，附着在食物上，飘荡于人世间。

吃蟹的想法

阳历11月以后，才真正是吃蟹的好时节。此时的蟹腺体最成熟发达，套用写时尚文字的朋友的话，就是最“性感”的时期，黄满膏肥，雄的壮硕，雌的妖娆。生物一旦长到了这个时候，就唤起人类的饕餮之心。比如说乳鸽，真正刚刚孵出、眼睛都没有睁开的小鸽子是没有人要吃的，必定到了羽翼丰满但尚未嫁娶的时候；童子鸡的命运也一样。倘若有人说这是中国人的变态喜好那就错了，西方人和东洋人吃鱼子酱、明太子、小牛肉，人的本质是一样的，在美味面前，大都会现出“色迷迷”的样子。

不过人类表达欲望不会那么直接，多少会有一些仪式感，法国男人喜欢一个女人不一定给人婚姻，但一定送玫瑰。人对真正的美味就像对美人，仪式感也是要讲的。记得前几年那本“小资宝典”《有关品味》里就讲过吃鱼子酱、吃松茸等的要点，日本的怀石料理之讲究是更不用说了但是，无论怎么讲究，也没有中国人吃蟹那么麻烦，那么矛盾。

先说加工吧。有人说应该是水煮的，上海话里“煮”读“闸”音，否则哪能叫“大闸蟹”呢！煮的蟹，肉嫩，味道也鲜美，有点甜甜的，连佐料都可以不用。但马上有人说，蟹最好是蒸，那样更能够保持蟹的香味，尤其是黄满膏肥的蟹，蒸熟了才有形有味。再说佐料，有说不要蘸醋，怕吃不到原味，有说非得蘸醋，蘸醋才能将蟹的真味吊出来并且帮助蛋白被吸收。至于吃的过程，到底是先吃蟹脚还是先掀蟹背蟹肚又或是蟹的身体，那分歧就像格列佛游大人国，为吃蛋是先敲大的一头还是小的一头，最后分成“大头党”和“小头党”，吃蟹的人明显也分成先吃蟹身的“蟹身派”和先吃蟹脚的“蟹脚派”。“蟹身派”看“蟹脚派”将蟹脚一支支掰光，最后只剩一只蟹肚，说他们简直像吕后，把个好端端的“无肠公子”斩四肢而入“狗彘”。而“蟹脚派”也不示弱，说“蟹身派”将蟹“分尸”，也仁慈不到哪里去，更何况先吃脚是因为怕早早掀开蟹背，蟹就凉了不好吃。但是“蟹脚派”无法回答“蟹身派”的诘问：“等你们将蟹脚全部吃完的时候，蟹的温度会比我们刚一出锅就马上掀开蟹背，吃蟹身体里的黄和膏更热吗？”

最后是吃蟹的工具。看到过比较经典的吃蟹工具有18件，还镀了金，我想那玩意儿一定是赏玩的价值远远大于使用价值，就像用玉雕一只小夜壶，不能用只能供着。也看到八件的，那是18件的低配版，给要场面没有钱的主撑门面的。最最实用的就是一件或两件，一把带一点钳的功能的剪刀，用来对付比较硬的蟹腿与蟹螯，最多再加一把细钎，这是那些舍不得一点点蟹肉留在壳里的馋痨胚用的，一般的人多多少少都会将蟹的有些部分当西瓜子嚼掉。有了这些讲究，吃蟹就变成一件古老而浪漫的事，身价也奢侈起来。就像有些暧昧的事，只要加一些铺垫，明明就是为了钱和色，也变得高雅起来。哎，一不小心把人家评论电视剧《蜗居》的话拿来了。不好意思！

老芋头和毛豆仔

在人的认知世界，所有可以吃的植物都是有年龄、性别和性格的。有些得自于形，比如嫩绿小巧的豌豆就与公主发生联系，倘若变成黄豆或黑豆公主就不甚好听。蚕豆固然有好看的颜色，但其扁阔的形体怎么也算不上标致，而蚕豆花就不一样了，如豆蔻，又比豆蔻紧实而小巧，民间给那些俊俏的女子取名豆花。不过要说最活灵活现的，非芋艿和毛豆莫属。

芋艿又称芋头，根茎类植物。外形圆钝，皮有棕毛。幼儿园小老师剪两个圆纸片，折叠四分之一，变成两顶斗笠给两个芋头戴上，芋头上斜插一根游戏棒，放在铺满湿棉花的餐盆里，一个边上置一纸船，就是“孤舟蓑笠翁”了，一个边上放两排小菜心，就是“采菊东篱下”了。

芋头口感细软香糯，易于消化，是一种很好的碱性食物。它既可作主食，蒸熟蘸糖或盐吃，又可用来制作菜肴、点心。沪人喜葱油芋艿，一家爆炒整条弄堂喷香；浙人好芋艿鸭汤，绍兴城里秋季一味芋艿秋鸪头（一种形似水鸟、羽色斑斓的小野鸭），初尝者无不叹其鲜美得生出意境，闽粤人家是制作芋味点心的高手，有芋香奶茶、芋香冰激凌和芋泥酥等，真是锦上添花。芋头所含的矿物质中，氟的含量较高，有洁齿防龋的作用，中医又称芋头能益胃宽肠、通便解毒、补益肝肾、散结和调节中气、化痰，可谓老少咸宜。

不过要是因为芋头如此这般有“食缘”而将它看作一点脾气也没有那就错了。芋头的黏液含有一种复杂的化合物，遇热分解。这种物质对机体有治疗作用，但对皮肤黏膜有较强的刺激。因此在剥洗生芋头时，手部皮肤会发痒，烹调时要是没有煮熟，也会刺激咽喉。还有芋头含有较多的淀粉，一次吃得过多会导致腹胀。上海人中有较多绰号叫“老芋头”的，这些“老芋头”一方面大都姓名中有一“yu”音字，并且年纪都已上中年；另一方面，并不是所有“yu”姓名的都有资格被叫“老芋头”。只有人缘好，做事认真而性情耿介者才配得上。“芋”乃“迂”也，这大概也算是对芋头最深刻的认识。

曾经诧异，为何南方人中秋时节要吃整颗带皮的煮芋艿和带荚的煮毛豆。现在看到这些都带毛的植物盛放在一个海碗里，芋头是沧桑而圆通，小小的毛豆包裹在两头尖的青色豆荚里，一副不谙世故舍我其谁的表情，倒像是两代人的聚会。

霉干菜造访章鱼帝

暑热疰夏，有人思念清淡汤粥，有人寻找咸酸下饭，于是就有了西坡连篇累牍的霉干菜。但是，今年的暑假与以往有很大不同，足球世界杯赛刚刚结束，其间准确预测了九场比赛结果的章鱼保罗已然称帝。这个世界上的人对帝制的态度明显分成两派：要么坚决反对，要么热烈拥护。拥护者如西班牙，赖保罗预期的鼓励而拼得冠军，举国上下哪怕是一座海边的小渔村，一条海鲜排档街，都欢天喜地做着接驾章鱼帝的梦；反对者若德国，对一个在最紧要关头转投敌人的叛徒，恨不能人人得而诛之，遑论加冕称帝。饲养保罗的海洋公园名义上不为金钱所动，你西班牙人出再多的钱也请不到保罗，实际上在我看来，那保罗终日在铁笼里觅食，无异于拿破仑被软禁于圣赫勒拿岛。倒霉的是保罗的兄弟姐妹们，章鱼海鲜饭热卖，它们成了寻仇保罗者泄愤的替身。

鲁迅早就提醒过我们，一些事到了中国就会有第三种人在。对待保罗一样的章鱼也是这样。爱的人不像西班牙人那样爱得热烈，顶多排两小时队在世博园盖个应景的章鱼章，恨的人也不似电视上说“我恨死章鱼了！”那个小洋人般眼泪汪汪咬牙切齿，顶多吞一两个章鱼寿司。说穿了，我们只爱自己的足球队，心中只有自己的“皇帝”。无奈中国足球不争气，进不了世界杯殿堂不说，前一阵还出那么多糗事，让球迷的心拔凉拔凉的。造成的结果很严重，球迷的精神很分裂，一面跑去国内甲A喝倒彩、砸场子，类似阿Q跑去尼姑庵拿“皇帝万岁万万岁”的龙牌出气；一面跑到电视台，声嘶力竭、唾沫飞溅地表明自己是人家的粉丝。也许为了安慰球迷，也许为了挣回面子，反正不拘为什么，有不甘寂寞的国内足球官员，居然产生了想请别人到自己家的花园子来争世界杯的企图。喊，到时满场玩耍的是别人，摘冠登基的也是别人，自家人只有炒饭、站岗、出钱送礼、修补园子的份儿不成？

到这时，原本对谁家输赢置之度外的倒也想拿章鱼出气了，不为别的，只为家里现成就有一个，过年的时候朋友送的干货，本没想好怎么对待它，这回取了来，先放在水缸里浸泡它一天一夜。第二天，这死章鱼一个变成两个大，剥其皮，去其脏腑，斩掉带无数丑陋吸盘的爪尖，再切成一寸见方的块，放沸水里加姜、酒，焯去腥。是不是佛跳墙里的明脯（目鱼干）似的跟干贝、火腿、海参、鸡鸭等上等食材为伍？想都别想！你要称帝，偏让你草根。将那不值钱的霉干菜取一些来，洗净了同章鱼干一起放入压力锅内，先压得有点酥烂待用，然后买来同样分量的五花肋排洗净也切成一寸见方。架铁锅再起油锅，入半斤白糖化了，入五花肋排翻炒，待肉全部裹上油糖并呈焦糖琥珀色，再将焖压过的章鱼和霉干菜放入，倒入大半瓶黑啤，一调匙黄酒，两勺六月鲜酿造生抽，一勺酿造老抽，一点茴香、香茅叶，再入几枚大枣、几颗莲子，一把葱、一大头拍碎的姜，翻匀装入一个大砂锅，不加水，文火焖煮。等到肉酥不烂，汁水收到挂浆般浓稠，一大锅喷香的霉干菜章鱼红烧肉便成了。分之亲友，解馋，说到中国足球，也算解恨，至少是一种健康的心理转移吧。

是非菠菜

看到碧绿水灵、捋得整整齐齐、一小把扎在一起的菠菜，煞是喜欢。“来一斤菠菜。”卖菜人问：“你要哪一种？”这才注意到，除了我看到的，还有一种凌乱地装在袋子里，株型小，覆有一层薄薄的干爽的泥。卖菜的有浓重的本地郊区口音，“侬看”，他两手各抓一把不同菠菜，“看上去好看的是暖棚里种的，没吃过露水。有泥的是露天种的，吃过露水，株型短而壮，卖相稍差，但吃口好，有真正菠菜的味道。”

按照自然的法则，现在是吃菠菜的季节，霜降以后长出的菠菜，没有涩味，故萝卜素丰富，有一种淡淡的甘甜。

于是想起美国动画片《大力水手》中叫那个波派的家伙，他和赖以为生的菠菜都诞生在冬季，应该不是巧合。许多人在不喜欢吃蔬菜的童年都曾夸张地大嚼菠菜，全拜他所赐。到下个月，这位长着歪下巴、头发没几根、整天叼着烟斗的独眼水手，就该有80岁了。自1929年1月17日出现在漫画家西格(Elzie Segar)的连载漫画上、只吃菠菜就能将坏蛋布鲁托扔来扔去的波派，是妈妈们哄孩子吃菠菜的法宝。如主题曲唱的："波派是大英雄，他最爱吃菠菜。他吃了菠菜就力大无比，把坏蛋都赶下海。"为感谢这个英雄，得克萨斯州水晶城的菜农塑了大力水手像，还将自己的城市命名为"世界菠菜之都"，纽约帝国大厦在波派诞生75周年时，还曾点亮过一棵巨型绿菠菜霓虹灯。

中国人对菠菜的喜欢有东方水墨粉彩的雅趣，叫菠菜为"红嘴绿鹦哥"，取其红根绿枝叶的型，将普通的"菠菜肉丝豆腐羹"贵称为"珍珠翡翠白玉汤"，那是对食物的唯美表述。菠菜成为蔬菜中的明星，自然就是公众人物，一些不算缺点的小性格也要受批评和指责就很正常。比如菠菜中富含草酸，不能跟豆腐一起吃，否则容易患尿路系统结石等的文字常见于媒体。但是，仔细观察，经院科学真应该回过头来对民间智慧表示足够的尊重。

菠菜的吃法不外乎就是氽汤或者氽烫后凉拌。氽烫后的菠菜其草酸成分大大降低，是味道好、营养丰富而且色泽养眼的蔬菜。西人喜欢烫菠菜、冷拌成色拉作配菜。中国人呢，川菜里常将氽烫后的菠菜切段，用细盐拌后出水再拌入熟芝麻，浇上花椒油，是很香辣的川味蔬菜。"珍珠翡翠白玉汤"的菠菜，是烫好用凉水浸过再切细，待豆腐汤要好的时候最后放入的，这样的菠菜不仅软糯好吃，还碧绿生青，像翡翠那样好看。到了冬天，菠菜是所有涮锅中最常涮的蔬菜。涮过的菠菜不仅草酸降低，而且跟鱼或肉等富含动物蛋白的食物一起吃，营养特别容易吸收。这一切，相信都没有经过任何科学人士的预先指导。唯一不可取的就是将菠菜直接入油锅炒。但事实证明，炒菠菜没有炒青菜、炒蓬蒿菜等好吃。不吃也罢了。

味精之道

一帮喜欢DIY（自己动手）的老饕聚在酒店吃饭，讨论“烧菜，放还是不放味精？”话题源起老Z，他生就一张刁嘴巴，有人请吃饭，他朝摆好冷盆的饭桌前一坐，要是有兴致翻菜谱，说明他那比狗还灵敏的鼻子已嗅到了好味道；要是他只管喝茶，那么这顿饭从一开始就让他闻出平庸的气息；如果老Z讲今天胃不好，有碗汤面就行了，那基本上在他眼里，这家店是一无是处。几道热菜端上来后，老Z往往会忍不住一句话总结：“真是一天世界！”（“糟糕透顶”意）

这天老Z没有说“一天世界”，而是尝了头道菜后问：“大家现在烧菜放味精吗？”在场的人在吃的方面多少都算有点作为，谁也不想别人将自己比下去，对答得也就分外小心。

“老底子用黄鳝骨头、草鸡、肉骨头、火腿骨头吊高汤，现在最起码也得用鸡精。”

“我用鸽精。”

“我只用高汤颗粒或者干贝素。”

“你们说的都是从动物提炼出来的，我用蘑菇精。”

请客做东的这一位最后开腔，“这么多精，其实主要还是味精在作怪。不相信大家吃吃看，这些东西放到菜里，所有的菜都一个味。”

老Z接过话题：“你说，今天的菜好吃吗？

东道主回答：“我家的菜非但不放味精，其他的啥精都不放。所以我觉得外面的菜都好吃。”此话引起一片嘘声：“这个人说话真矛盾！到底是放还是不放那些‘精’好啦？”

“几十年前，日本的‘味之素’到中国，让多少人觉得那就是美味的源泉。毕竟大多数人是没有能力和时间天天吊高汤的。但人的口味就像欲望，开了头就很难收回。去问问爷娘，是不是他们放味精先是一点点，然后越来越多的！现在的这个精那个精，说穿了是味精的极致，是将味精换一种方式让你可以多放的手段。躲在动植物名称里的味精还是味精。”老Z总结道，“因此我看，还是朴素点，只加味精，便宜。你觉得它不是好东西，就不会多放。好的菜，也只需要那么一点点谷氨酸钠调味就足够了。”

当下无人反对，只道老Z终究还是老Z，吃成精了。

手信之怪

春天来了，又是一个出游的时段。朋友带回一份云南风味食品，叫做“云南十八怪”。乍一看盒面，印着许多实物图，什么普洱茶糕、松花糕之类的，花花绿绿的，但没有多少供人想象的余地。不由得冷笑，不就是一盒加了各种配料的油酥豆面糕嘛，何必出此怪诞名称，哗众取宠！此等糕点中国哪个省市没有，苏州采芝斋的桂花糕、北京翠文斋的蜜三刀、杭州的龙须酥，南浔的芡实糕，南通的椒桃片，河南的花生糕，还有上海遍地开花的豆沙馅绿豆糕等等，哪一样都不比这“十八怪”逊色。再说了，细数之下，从加了各色茶的茶糕到加了各色果子的果糕，一共也就14件，连18这个吉利数也没有凑够。

打开盒子，失望更大，里面的糕点连图上的鲜艳都没有，每两个一装，看不出谁是谁。吃到嘴里，一样的甜，当然不太甜；一样的酥，当然不太油。味道也都差不多，都有点芝麻豆面香，分不出什么茶什么果的。在我看来，这“十八怪”就是一种见怪不怪特别典型的到此一游食品。

不过，正所谓峰回路转，好景致在路的尽头，好味道在回味里头。当这盒“十八怪”快吃完的时候，不经意翻过盒子，那盒底上的漫画吸引了我。每幅漫画配一句顺口溜，说的都是云南的风土人情，一数，正好凑成18句，抄录如下：

四季鲜花开不败，四季衣服同穿戴。

石头长到云天外，山洞能跟仙境赛。

袖珍小马有能耐，火车没有汽车跑得快。

粑粑叫饵块，草帽当锅盖。

竹筒能做水烟袋，鸡蛋用草拴着卖。

常年都产好瓜菜，过桥米线人人爱。

三个蚊子炒盘菜，山茅野菜销海外。

好烟见抽不见卖，蚂蚱能做下酒菜。

娃娃出门男人带，种田好手多老太。

原来“十八怪”指的是这个呀，再回味一下刚刚吃下去的这些云南糕点，平凡、淡泊、通融，倒加深了对云南的向往。

澳门、广东一带，将一些地方上可以为大众接受的食品包装后让游人带回去，称为手信。手信，并非一定要是贵重的礼品，而是讲究携带方便、轻巧，既有地方特色，又能讨得亲人朋友的欢心。我尝过许多手信之食，味觉上印象深刻的不多，大都跟这份“十八怪”相似，不咸不淡，吃过就忘。但是，要说包装上的巧思，这“十八怪”算得上匠心独具。它仿佛在告诉人们：你可以记不住我的味道，但你不会忘记我来自什么地方。

雷人食品

最近，我的一位朋友宣布，她能够烧一味非常特殊的鸡，邀请大家去她家品尝。家已经布置过，白桌布，彩条餐巾水晶扣，银色勺匙乌木筷，刻花酒杯纯白骨瓷盆，腔势蛮浓的。但是她的拿手菜——“可乐鸡”却很雷人，污素的酱褐色，入口不咸不甜，不酸不辣，也不鲜。看到每一个人的表情都非常古怪，朋友立刻讪讪：“本来嘛，我想也不会好吃。你们知道我吃到怪味道是要打恶心的，但是电视上有个我蛮喜欢的帅哥教人用可乐做鸡，我想试试看，就叫你们来帮忙试吃。现在好了，这道菜从年夜饭中剔除。”原来她是被帅哥给迷蒙了。不过如果没有帅哥，估计她早晚也会做这道菜，因为她是个混搭迷，什么都追随潮流。比如曾经约我们去吃过奶酪火锅，其实就是烧一小锅热奶酪，将要吃的东西放进去蘸一下，然后拉丝般出来放到嘴里，两筷子下肚就已经腻得最好接下来三天都吃泡饭萝卜干。她还喜欢在中秋的时候吃巧克力冰淇淋月饼，那种实敦敦的巧克力冰淇淋，经常会在数九寒天还有一两个落在冰箱的冷冻室里。她跟着电视做过海鲜奶酪饭，但是里面放的是中国口味的茶树菇，真的味好重啊，哪里还有海鲜的味道。但是，每一回我抗议她是做恶性嫁接试验，她总振振有词：人类已经创新了好几千年，哪里还有我们什么事儿，不进行混搭，就没有创新。

至此，我终于感到“食尚”与时尚已经完全接轨。在经济不景气、购买力低下的两年间，时尚“雷人帮”教母Lady Gaga横空出世，像一个毫无禁忌的生物学家做着转基因实验，将过去好的坏的、端庄的轻浮的、智慧的愚昧的、理性的疯狂的、和谐的错位的、经典的乖张的所有元素，在形象设计上做一个超乎想象的随心所欲的混搭，结果马戏团小丑太阳镜、胶质涂层、漆皮胸衣、紧身三角裤、夸张的立体结构外套、米老鼠头饰、圣诞礼盒形状的蝴蝶结统统集于一身，让人目瞪口呆。好处显而易见，就像用营养液养殖转基因玉米，个儿大，产出多，价格便宜。比起周期长、产量低的有机食品，自然也更加亲民。坏处就是扰乱了人们对经典和传统的审美定义，不需要从无到有的原创，不需要十年寒窗、苦练基本功，也不需要拿着大袋银子拜名师学艺，只要将各路经典“山寨”到一起，没有特点成为最大特点、没有缺点就是最大优点、全是优点就是最大缺点。时尚如此，“食尚”亦如此了。

倒退十年，我肯定我的这位朋友会有勇气梳米奇头、戴唐老鸭蝴蝶结、顶一个芭比娃娃逛淮海路的。我不敢肯定的是，再过十年，我们是否还能吃到那些纯正的、朴实的、美好的食物的原味。

苦黄瓜

正播着侯宝林的相声《改行》，民国初年京戏艺人身处乱世演戏养不活自己，于是改行卖菜，担着菜挑子穿街走巷、吐着唱腔吆喝：“好大的黄瓜你们谁要，一个铜子儿拿两条。”这时，出来一老太太，“卖黄瓜的过来，买两条。”北京老太太买黄瓜麻烦，拿起黄瓜，嘎嘣，掐一块放嘴里尝尝，不甜她不要。艺人想，卖两条黄瓜能赚多少钱，还被掐坏一个！这个痛啊！他就把《遇后》的叫板想来了，情不自禁喊一嗓子：“唉！苦——哇！”老太太一听：“噢！黄瓜苦的，不要啦！”这个段子听了很多遍，早知道有这么个包袱，等到抖露了还是忍不住要笑。大师就是大师，以皮肉之苦喻生存之苦，却故意误为黄瓜之苦，化沉重为轻松，谐谑得有深意。没想到的是，上世纪90年代后出生的孩子听到这里接了一句：“不要紧，把皮儿刨了就不苦啦。”他这随便地一接，倒将大师的轻松又消解了，变成另一番沉重。

作为一种最寻常的蔬果，谁都知道，除非是烂的，黄瓜一般不会有苦味，再加上性平凉，味清甜生脆、色泽青绿，是生熟相宜的百搭菜。喜欢生黄瓜的，可将黄瓜当水果吃，清火。西餐里有用黄瓜拌色拉的，因为糖分低，比水果更清新爽口。最常见的是用黄瓜拌凉菜。东北有俚语："少了黄瓜还做不了拌菜了。"指关键的人不在、事儿就不好办。说明在那里，黄瓜是做凉拌拉皮儿的关键。熟菜呢，北方的黄瓜炒鸡蛋和南方的黄瓜炒河虾，一个黄绿相间、一个红绿相杂，貌似不同，却都是既好看又操作简便而又有营养的菜，烹饪的时候对黄瓜的加工要领都是一致的：一是要将洗净切丝（炒鸡蛋用）或切片（炒虾用）的黄瓜用少许细盐暴腌十分钟，稍稍滗去水分；二是入油锅猛火略炒后马上起锅，为的是能够保持黄瓜脆生生的口感和青绿的色泽；然后将鸡蛋或者河虾入油锅翻炒至半熟，再将黄瓜混入，加调料翻炒少许。无论生吃还是熟吃，黄瓜最好都不要去皮，因为皮清火，带皮的黄瓜吃口更脆，颜色也鲜艳。黄瓜的食性决定了它的形象标准，按照经验，皮色鲜绿、果肉饱满、条形匀整为佳，这样的黄瓜新鲜、水分多、生长适度，吃起来才会脆嫩。如果皮色暗沉甚至泛黄，果肉软瘪，就不是新鲜的黄瓜，至少也是生长过度的老黄瓜，吃起来水分少且呈空絮状。

但是这个标准现在已经不完全适用了。前一阵儿，我发现菜市场充斥着一种外表非常美丽的黄瓜，碧绿生青，大小一致，有着饱满的肉刺，顶着鲜艳的黄色花萼，看上去就像是蜡做的一样。但是，这样好看的黄瓜带皮吃，却有一种苦味。更令人费解的是，我将一条吃剩的黄瓜放在乐扣盒子里储于冰箱，过了两个星期才想起来有这么回事儿，赶紧取出盒子，非常担心会像古墓里的尸体，盒子一打开黄瓜接触空气就喷出一股腐烂不堪的气息。但令人惊讶的是，它看上去完好无损，切开用舌头舔一下，除了苦味，没有一丁点儿黄瓜的味道。这样的黄瓜对于吃过清甜黄瓜的人来说已经不是黄瓜了。但是，确确实实是当代孩子经验里的黄瓜。

小龙虾2.5

听说刚刚过去的6月，上海日平均销售小龙虾近百吨，武汉一天卖掉的小龙虾有60吨以上，南京市区70吨，全国各地加在一起，乖乖隆地咚，中国人无疑是这种学名叫克氏螯虾、俗称小龙虾的水生物克星。

不过一个问题总是可以从另一面去思考。小龙虾遭遇饕餮的同时，其从野生到被人工繁殖，从栖身于肮脏的沟渠到被包养于大湖水田，基因一代代被改良，在食物界从籍籍无名到登大雅之堂，焉知不是小龙虾的幸运？

像所有事物的发展一样，中国小龙虾的前一两代发展是相当缓慢的，自上世纪20年代就被引进，到70年代以前，上海还是很少见到小龙虾。偶尔菜市场有卖，都是装在小面盆里，花五分钱挑一只全须全尾的买回家，是养着玩的。这应该算"一世代"小龙虾。

等到上小饭店餐桌，并在大城市边缘的街头见到专卖小龙虾的门店，已经是2000年开头几年的事。到这时，小龙虾的气质模样依然随它们爹妈，壳青里泛红，节肢黑不溜秋，揭开头盖，鳃是吃过垃圾食品的青灰色，有明显野蛮生长的江湖印记。不过多了不少头衔，麻辣、十三香、红烧、咖喱等等，身价几乎是上一代的200倍。一到夏天的傍晚，卖小龙虾的店门前总会有长长的队排着，食虾者多为佐以啤酒可乐的俊男倩女。这像是小龙虾的“富二代”吧。

今年吃了两款小龙虾，发现它们又有了变化。一款属于落户上海不久的王四酒家，这家在虞山脚下开了许多年的老店原以叫化鸡出名，现在上海闹市的大楼里开分店，腔调完全不一样，装潢富丽堂皇，卖燕翅鲍参，但是一款十三香小龙虾还是透出一点野里野气的味道。原材料是盱眙小龙虾，吃口不似盱眙当地的贴了金字招牌打包空运全国各地的小龙虾那么咸，那么呛，跟毛豆烧六月黄河蟹一道端出来，有将江湖菜做成名牌的架势。

另一款是在斜土路近西藏路的东鼎宾馆吃到的。这家的小龙虾比较低调，本来只是给宾馆的住客提供的餐饮，所以不似其他小龙虾要认祖归宗，也不似起步晚涉世浅的小龙虾，受教于名不见经传的小地方，不惜花工本跑到潜江、盱眙等以小龙虾出名的地方留留学弄张证，以示身价。而是直白本小龙虾产自白马湖，系人工清水养殖。外貌也有了变化，个头每只不少于0.8两，最大可达1.5两，烧熟后通体颜色变淡，鳃的颜色是清水本白的。做法标榜白灼，还敢跟猪肉、黄鳝等一锅烹。

小龙虾自信到这种地步，本想冠之以小龙虾三世。但怕别的小龙虾不服气，俗话说贵族三代练成。当下想当贵族的小龙虾太多，据说盱眙小龙虾已准备纳斯达克上市，解读孔子的于丹对中国人吃小龙虾也做了文化诠释：大龙虾是贵族生活的排场，小龙虾是贫民消费的情趣，吃小龙虾是一个捆绑消费的概念……不知是真是假，我希望是真的，这样的话，小龙虾的前程更远大了，恐怕可以到申遗的地步。有国家将一种别国存在已千年的传统习俗经过全民动员反复操练数十年，就跑去联合国申领了文化遗产。吃小龙虾的行为，是不是也可以这样吖。

在还没上纳斯达克、还没申遗之前，现在的小龙虾应该算2.5代。

幸福的沙茶面

到厦门，不可不尝沙茶面。就凭满大街的沙茶面招牌，走过路过的人，也应该看一看它究竟是什么东西。

宾馆的服务生热情地指点我说：“出门右转，向前走200米，就是一家沙茶面馆，不错的。”于是欣然前往。

沙茶源自东南亚的印尼、马来西亚一带。沙茶原本应读作沙嗲，超市里面有沙嗲牛肉干卖，就是用这种调料制作的。“沙嗲”这个词，到了厦门人嘴里，不知怎么就变成了“沙茶”？也许是他们太喜欢喝茶的缘故。

沙茶面的妙处，当然在于用沙茶酱勾兑的汤头。这是一个十分复杂的过程，不说也罢。

进入店中，窗明几净，只是，家具是快餐店里常见的那种，让人觉得有点小小的遗憾：像这类专吃传统食品的食府，环境布置应当稍微带有闽南特色的古典风格才好。

抬头看价目表，清清爽爽：素面、豆干面、鸭血面、煎蛋面、大肠面、肉丸面、瘦肉面、小肠面、猪肝面、猪肠面、鸭肠面、肉筋面、鸭腱面、小肚面、肝沿面、虾仁面、鱿鱼面、大肠头面、瘦肉鸭血面、瘦肉煎蛋面、猪脚面、瘦肉小肠面、瘦肉猪肝面、瘦肉猪腰面、肉丸猪肝面、大肠猪腰面、大肠鸭腱面、猪肝猪腰面、猪肝猪心面、猪腰鸭肠面、猪肝鱿鱼面、猪腰虾仁面、小肠肝沿面、鸭心大肠头面、鱿鱼肝沿面、虾仁大肠头面……

林林总总，看得人眼花缭乱。价格从前到后，依次递增：起自3元，终于9元。

面对菜单，琢磨良久，发现貌似琳琅满目，其实，这个面、那个面的，都是在作排列组合。即便这样，我还是下不了决心吃哪一种，毕竟只有一次机会，不可能每样都品尝。

店里的小姑娘看出我的心思，说，还是我来帮您配吧。

不一会，一碗沙茶面上桌。我一看，变成了大杂烩面：几乎菜单上的猪肝、猪肠、鸭肠、肉丸、瘦肉、鱿鱼等等，都放了若干。满满当当的一碗面，面条只有十几根，其他都是猪杂之类。哈哈，好比在吃一碗菜！价格：15元。这是目录上没有的价格，自然也是最高的。

吃面的过程中，又进来好几个当地人，他们基本一律叫了5–6元一碗的。我感到自己是不是有点奢侈？再看店里所有服务生都用眼瞟着，在看我吃那碗内容丰富得叫人吃不消的沙茶面。我分明从她们的眼光里看出她们的嘲笑：看，那个外地人被我们忽悠了。花那么多的钱，就吃些杂七杂八的东西，还现出蛮幸福的样子。咱们哪会做这样的傻事！

她们说得不错，我是蛮幸福的，但不傻。

我在上海的时候，去某某品牌拉面馆吃一碗面，稀稀落落几根面条，两块薄得像纸片一样的卤肉，外加半个蛋，要收18元钱，而且味道还没有沙茶面那么鲜美。能够吃上那样一碗“皇家级”的沙茶面，你说我能不幸福吗？

只可惜在上海没得吃沙茶面，即使有得吃也不是那个价——这是沙茶面馆里的小姑娘所不知道的。她们泡在幸福里而浑然不知，我真为她们感到惋惜。

玉米的粉儿

“什么东西是你每天不用想起却从来不会忘记的？”见大头儿子开着电脑，同时还在把玩手机，小头爸爸想借题发挥提醒儿子：别玩得过分了。没想到大头儿子的回答是——“玉米！”

细想一下，不知不觉中我们还真的都成了玉米的粉丝。

早上喝的豆浆是大豆加玉米放在豆浆机里加工的，玉米和大豆按3：1混合食用，据说这是世界卫生组织推荐的一种粗粮细吃、提高营养价值的方法；中午跟朋友小聚，先来一盘杂粮“大丰收”垫底，最受欢迎的是蒸熟的玉米棒，再点玉米汁儿当饮料，最后一道点心是玉米粒加糖加黄油、奶酪、吉士粉调和，用平底锅烙成饼状的玉米酪；下午，常有同事偷空外出溜一圈，带回几支与番薯同炉的烤玉米，带薯香味道的玉米引得众人纷抢，结果玉米棒被拗成几段共享；回家，炒菜的油是压榨玉米胚芽油，油桶上不饱和脂肪酸的指标，是极大的心理安慰；勾芡和煎大排前裹的生粉用的是玉米粉，芡汁透亮，排骨的色泽也更接近金黄；全家一起看碟，需要一点影院的情调，大头他妈给儿子准备的是巧克力味爆米花，给自己和小头爸爸准备的是芥末黄金粒，前者是微波膨化的玉米粒，西洋口味，后者是油炒的半膨化玉米粒，东洋风味；还有用轧碎的玉米与大米一起熬成玉米粥、用嫩玉米芯炒芦笋、蘑菇；甚至如厕时翻翻报纸，发现搁报纸的收纳筐居然也是用玉米苞壳编成的，比塑料箱漂亮和环保。要是以后，美国人的玉米酒精燃料被推广用来发电、开动汽车，日本人的玉米秸秆合成板用来做家具、造房子，玉米蛋白纤维用来制作衣服，那么，衣食住行真就都离不开玉米了。

全家唯一不待见玉米的是外公，“不就是六谷粉么？日本人侵占上海时控制粮食，大米供日军吃，老百姓每人每天只供应半斤六谷粉，还是霉变的。那时我人虽然小，但哽喉咙的感觉，今朝记起还想呕吐。”

“为啥叫六谷粉？”大头儿子不解。

“中国人靠稻、黍、稷、粱、麦五谷生息繁衍，玉米来自外邦，在五谷之外，所以叫六谷。”外公解释道，南方人以大米为主食，玉米当主食已属反常，更何况是霉变的六谷粉。所以对外公来说，玉米是苦难的代名词，除去炒菜可以用玉米油，其他有形的玉米食品他一概拒绝。至于营养么，外公说，“玉米中的营养，我吃其他的食物也是可以得到的。再说，黄金从沙里来，钻石从石头里来，原始纯粹就好，过度加工和利用不是垃圾就是奢侈。看看你们吃的玉米，加糖加油，还要煎炸爆烤，会产生多少有害物质？另外，要是美国人真的用玉米提取乙醇替代所有的燃料，全世界的土地都种玉米也不够他们挥霍，到时候你们还活不活啦？”

大头儿子和小头爸爸面面相觑，突然一起对大头他妈说：“听到了吗，啥都不要过分。”“是的，”大头妈回答，“包括上网、炒股和其他一切……”

不丢弃的“烂靴子”

从前看电影《李双双》，双双跟喜旺吵架那段最好玩。喜旺怨双双光顾着生产队里的事，到了晌午连中饭都不做。双双怪喜旺大男子主义，有空儿在家自己不做饭。结果喜旺自力更生，又是捣蒜又是下面条，给自个儿弄了一碗捞面条，还“哔（发“bia”音）叽”着嘴，大声嚷嚷：“香喷喷的捞面条嘞！”气得双双将喜旺连人带碗推出门。喜旺虽然从来不下厨，真弄起吃的来，居然也有鼻子有眼，就地取材，用最少的料，以最快的速度做出自己喜欢吃的，这是一种能力。

同样的故事要是放现在，喜剧成分就不一样了。双双可以到村头的小店买两包方便面，夫妻俩你一碗、我一碗相安无事地吃。也可能喜旺等不及双双回家，自己骑自行车或摩托到镇上的小饭馆叫几个菜来上二两，菜吃一半，剩下的打包，回家的路上用手机给双双打电话：“喂——老婆，中饭别做咧，我给你带回家（得是演喜耕田的林永健用山西话说）。”如果是赵本山和宋丹丹的版本，兴许更牛。本山说：“你一小学文化程度的老娘们上了一回中央电视台就不知道自己是谁咧！一天到晚不做饭写啥自传！从今往后，我和你分开吃算哩。你吃你的速冻饺子，方便面，我到我的公司吃去。”丹丹回敬道：“你在公司吃我没意见，只要到了吃饭儿的时候，别忘了叫你的秘书开车给我送一份回来。要不然涅，我干脆叫外卖！”可这两样吃法哪有喜旺自己做的好吃呀！

方便食品和快餐好比人在旅途住的宾馆，宾馆虽好，却比不上家的温暖。人不能住一辈子宾馆，所以也不能吃一辈子外卖或方便面。西谚云：好厨子能将一只烂靴子做成一道好菜。作为家庭主妇的李双双呢，也应该能在貌似什么都没有的情况下，弄出一顿饭，喂饱家人的肚子。在有冰箱、煤气的时代，要做到这个并不难。只要家里常备一些“烂靴子”，像火腿、鸡蛋、鱼丸之类可以速冻、能快速烧熟又能百搭的食品；再备一些浓缩高汤调料和卷面；每次烧蔬菜都留一点点生的，比如几个菜心、几株菠菜、一段莲藕或一只番茄，数量以吃掉不嫌多、扔掉不可惜为宜。那么，即使半夜三更回家，所有商店都打烊，也能够马上弄出一碗荤素搭配，热气腾腾的汤面，或者一锅靓汤配大米饭。最不济，也能够像喜旺那样，弄几棵蒜、一点豆豉酱做个拌面，若窝个鸡蛋、加几张烫过的菜叶，冲一碗紫菜汤，绝对比方便面强。

悬空饭

餐车刚出工作舱，所有被固定在各自座位上的人感官便开始活跃了。

“coffee”、“咖喱”，小孩先叫起来，孩子的嗅觉比狗还灵敏；“红酒”、“苹果汁”，中年人虽戴着眼镜，但已经看好了餐车上自己想要的东西；“noodle”or“rice”？“noodle”！听到空姐悦耳温柔地询问，块大得挤在座位上很难动弹的黑老外也柔声细语地回答。这样五官并用的审美，让那些放在托盘里的食物看上去俨然是一道法式正餐。

托盘里有一格格小格子，将每道菜隔开，餐具、胡椒粉、盐、餐巾纸、塑料吸管，还一定有玻璃纸和锡纸盖着的食物。飞机上专用的餐具都是塑料的，奇异的形状看起来很有现代感，仔细考量，几乎呈三角形的刀和短柄勺是为了能够夹紧胳膊肘，让刀叉垂直落在食物上，并且塑料的刀叉避免了对人体的伤害。飞机上的汤几乎都是凉的，所以放在食盘里的那个塑料咖啡杯应该好好利用，盛热茶或咖啡，餐前饮料只需用透明一次性塑料杯就成。

有感觉的人都不会先吃玻璃纸盖的东西，因为里边是生菜或一块冷冰冰的蛋糕。锡纸底下才是要吃的那道主菜，热的烤鱼或肉，但会在几分钟里马上冷下来，所以得赶快吃。完了以后，有人无精打采地对付那块蛋糕和颜色鲜艳但味同嚼蜡的蔬菜，有人把玩盘底装饰用的菜叶（现在连这块叶子也已被一张绿色锯齿状的塑料纸替代了）。

没有人会在狭窄窘迫的机舱里奢望豪华的一餐，可它永远是完整的一餐，它试图将分享、舒适与合乎体统的含义贯穿在一起，有一种与飞行相抵触的乡愁，所以美国航班有加州腰果，韩国航班有泡菜辣酱。可为什么，为什么最近坐一班国内的航班去日本，去的时候只有六个小核桃大小僵硬的小笼包呢？幸好同一家航空公司的航班自东京回来的时候有鱼片和紫菜卷。同样是乡愁，为什么他乡的有暖意，故乡的反而寥落呢？置身金属机械里高空疾飞，周遭都是人，但每个人的内心是四顾茫茫的孤独。留下唯一印象的一道正餐，会在下一次坐飞机时被记起。

图书在版编目(CIP)数据

爱生活，爱做饭 / 公输于兰著. -- 上海 : 上海锦绣文章出版社，2011.6
(走向新食代)
ISBN 978-7-5452-0882-5

Ⅰ. ①爱… Ⅱ. ①公… Ⅲ. ①饮食-文化-中国 Ⅳ. ①TS971

中国版本图书馆CIP数据核字(2011)第090481号

责任编辑 金瑜婷
封面设计 胡 斌
封面插画 刘健敏
版式设计 颜 英
技术编辑 李 荀

书　　名 **爱生活，爱做饭**
著　　者 公输于兰

出版发行 上海锦绣文章出版社
地　　址 上海市长乐路672弄33号 (邮编200040)
经　　销 全国新华书店
印　　刷 上海一众印务中心
规　　格 889X1194 1/32
印　　张 5.25
版　　次 2011年7月第1版第1次印刷
书　　号 ISBN 978-7-5452-0882-5/J.546
定　　价 17.00元

如有印装质量问题 请与印装单位联系 021-56477080
版权所有 不得翻印

网址：www.shp.cn
网店：http://shjxwz.taobao.com